井笠鉄道

忘れられない情景
忘れたくない情景

井笠鉄道
昭和の日本風景のなかをのどかに走る
軽便鉄道らしい軽便
そこには忘れたくない情景が広がっていた。
それはまた、忘れてはいけない情景でもあった。

ディーゼルカーに牽かれる木造客車と貨車
小さいけれども地域に密着した
軽便鉄道がたしかに存在していた。

もくじ

CAUTION
踏切注意
400

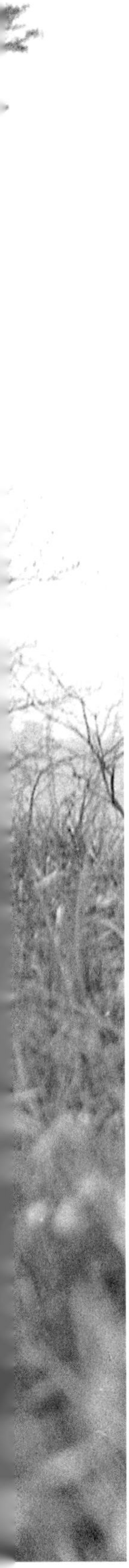

荷物室

ギシギシと車体を軋ませながら
小さな木造客車が走り去っていった…
井笠軽便の日常風景

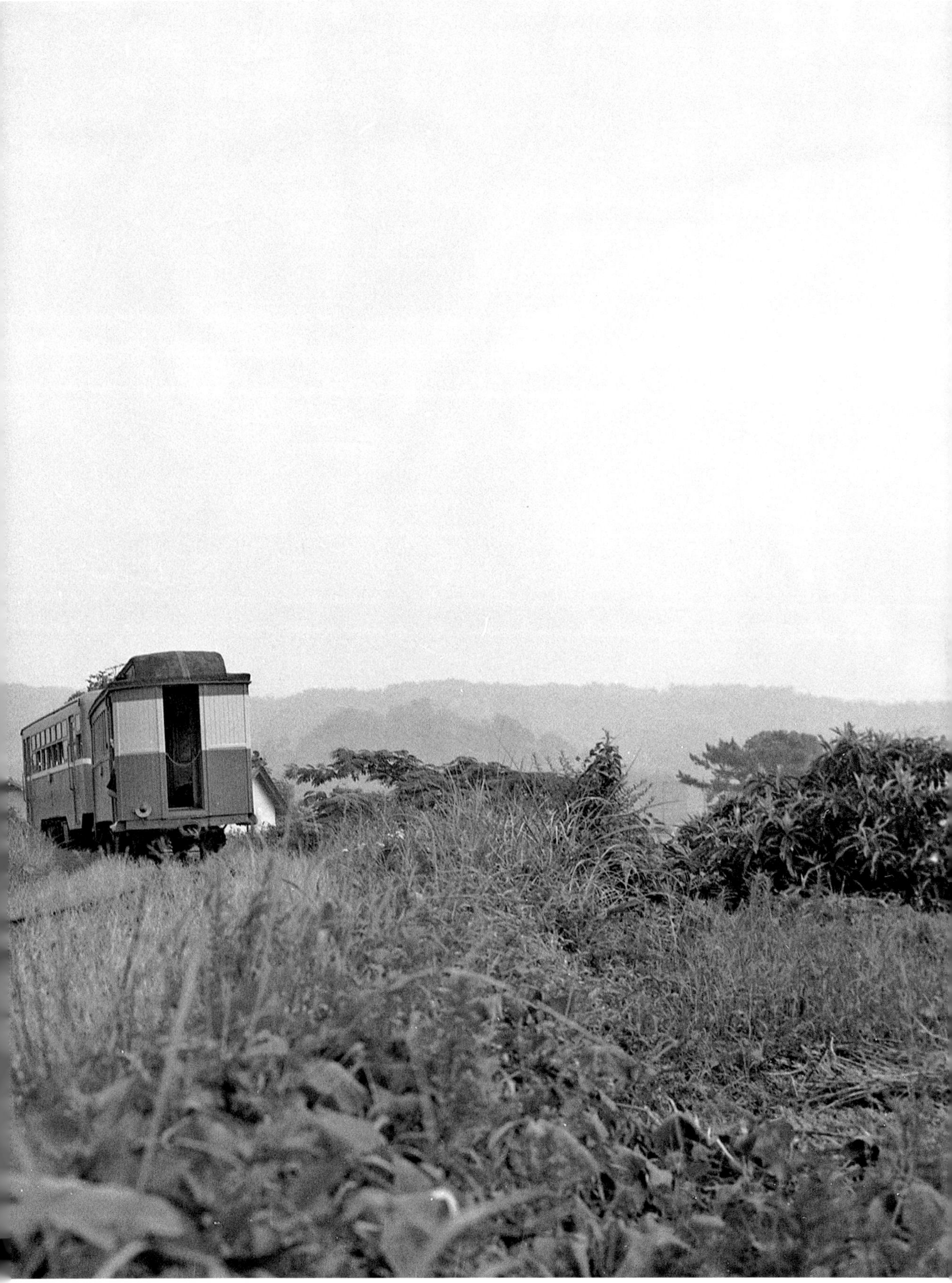

第
一
1

I　井笠の蒸気機関車

● 蒸気機関車のこと

井笠鉄道の蒸気機関車といえば、開業時に用意され最後までその姿をとどめていた3輌のコッペル社製Bタンク機がすべてのように思われがちだが、じつは、全部で10輌もの蒸気機関車が井笠鉄道に籍を置いた。蒸気機関車の活躍は1950年代までで、1961（昭和36）年10月にはすべての蒸気機関車の廃車届が出された。

その後も、売却された5、8（初代）号機を除く全機がくじ場の車庫に姿をとどめていた。1965年頃の時点で、線路も取り外された二線の車庫のなかに4輌の機関車が押し込められ、残念ながら写真にはならない状態であった。その狭い車庫内に3、7、8（二代目）、9号機、本線とつながる車庫のなかに保存のため搬出された2号機のほか、1、6、10号機があった。そのことを知って見に行きたい、と欲してはいたが実現できないまま、残念なことに1967（昭和42）年に4輌がスクラップとして売却されてしまった。

Bコッペル機については別に述べるとして、馴染みのないまま消えていった機関車について記しておきたい。

4号機はコッペル社製の1～3号機につづいて導入された1918（大正7）年、大日本軌道鉄工部製（のちの雨宮製作所）の12t級Cタンク機関車。いかにも「雨宮」というようなスタイリングの、雨宮にとっての標準機関車のひとつだが、使い勝手は今ひとつだったという。

「いきなり国産の機関車で、ちょっと勝手がちがった。たとえば、灰落しがなくて不便じゃったりしてな。それに、困ったのは走りが不安定なこと。とくにバック運転が危なくて、現に薬師駅の近くで脱線転覆事故を起こしたことがある。機関士ひとりが死亡して。それで、縁起が悪いいうて4号機から8に改番した…」

それでも評判は芳しくなく、1927（昭和2）年に8号機に改番後、1935（昭和10）年には売却されてしまう。同型機を保有していた佐世保鉄道が購入し、19号機として使用。その後、佐世保鉄道が国有化されたことから僚機18とともに国鉄ケ218型、ケ218、ケ219となった。

つづく5号機もまた、従来と異なる1920（大正9）年、米国ポーター社製、製番6561という9t級Bタンク機関車であった。

「ちょっと小型で非力な機関車じゃった。アメリカ製での。矢掛線で使うとったが、なにしろ力不足。

6、7号が完成してから後は予備機になってあまり使われることはなかった」

結局、予備的存在のまま1931（昭和6）年には売却された。

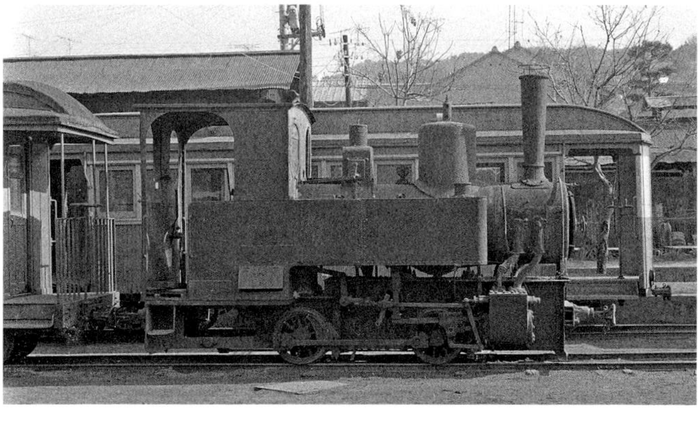

左は「さよなら運転」のために化粧される途上の1号機。

1

2

3

4

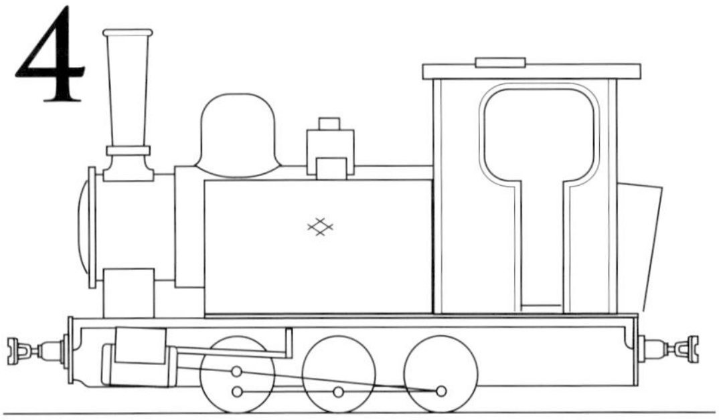

5

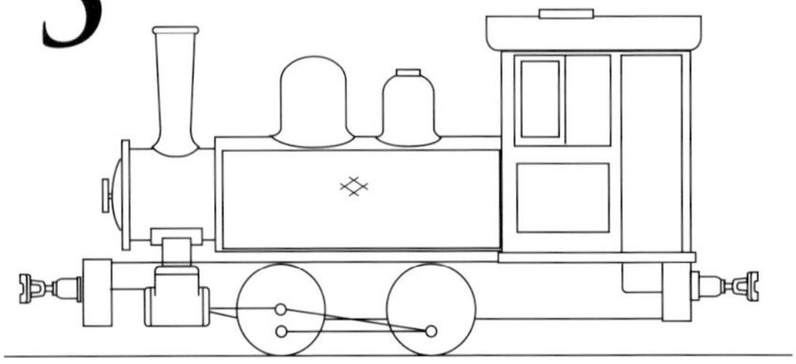

6

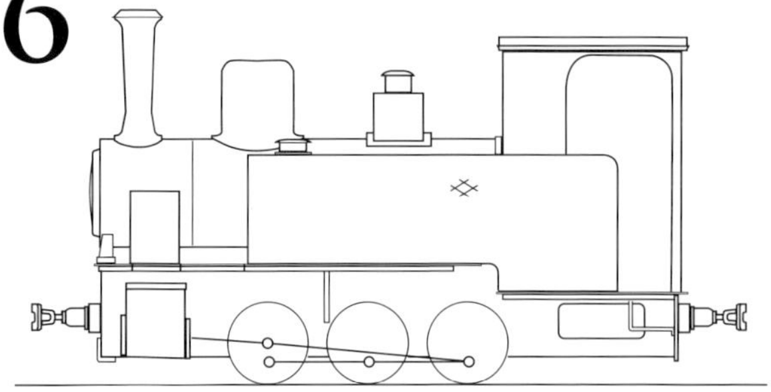

7

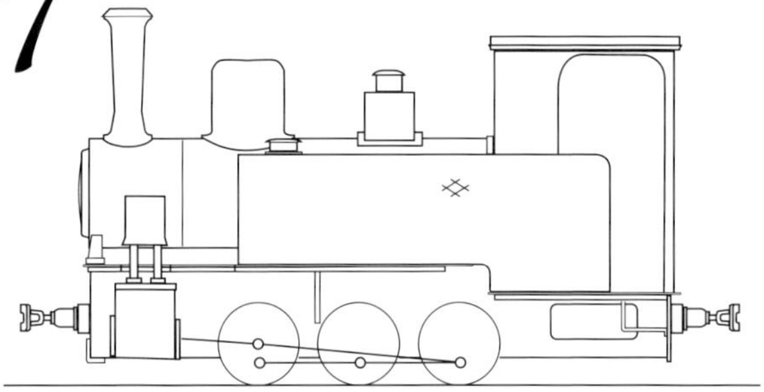

8

9

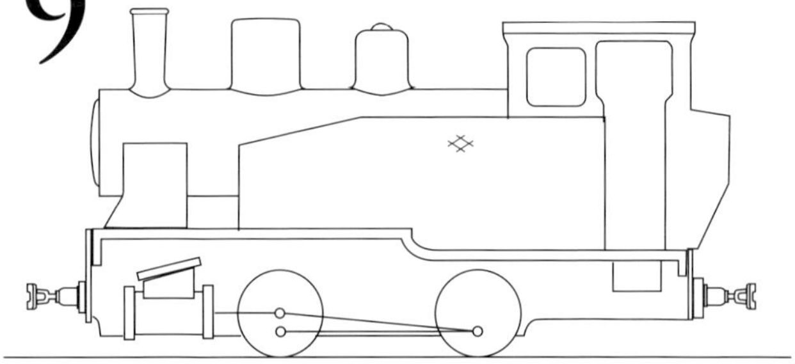

10

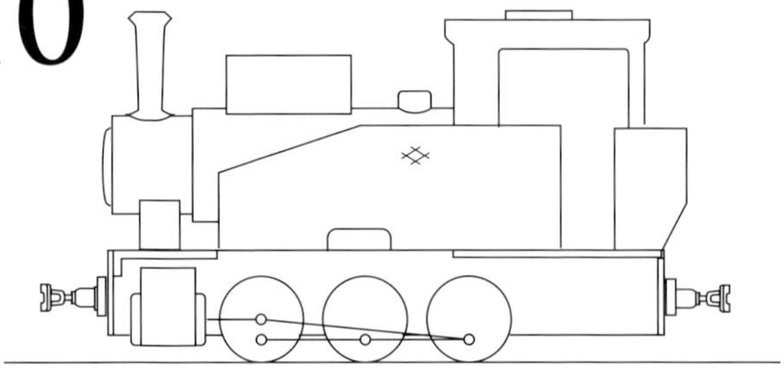

戦争の異様な状況からか、１輛でも多くの機関車を保有しておきたい、という気持が働いたようで、３輛の機関車が増備される。手当り次第という印象もあるが、それぞれ生まれも育ちも異なるものであった。

二代目にあたる８号機はもと大隅鉄道４で、国有化後ケ280となっていた1922（大正11）年、日本車輌製、製番46という14t級のＣタンク機関車であった。1948(昭和23）年４月に入線するが、じっさいにはあまり使われることはなかった、という。

９号機となったのは「謎の機関車」として知られるものだった。日本製鉄釜石製鉄所から購入した15t級Ｂタンク機関車だが、本来はベルギー、コッケリル社製で、釜石時代に大改造（というよりほとんど新製に近い）され現在の形になっていた。

「9号機はなにしろ重い機関車。それで四輪（軸配置Ｂ）じゃから軸重が重うて。井笠の線路は細い、本当に折れてしまうことがあった。それに懲りてほとんど使わんまま…」

「その分、10号機は使えたで。戦時中の新品だったんじゃが、10tで六輪（軸配置Ｃ）は線路にも無理がない。もっとも、そのうちにガソリンカーが復活して、蒸気機関車は使わんで済むようになったから、活躍はあまり長うなかったな」

それは1947（昭和22）年製、立山重工業のいわゆる産業用という規格型の機関車で、丁C10tと呼ばれるもの。同じ系列の乙B20tが国鉄B20型にあたり、似たスタイリングだ。規格の乙が1067mm軌間、丁が762mm軌間を表わす。

戦時設計の規格型とはいえ、それはそれでまとまりとしては悪くなく、たとえば鞆鉄道C108や仙北鉄道C156など、軽便鉄道の情景のひとつとして思い起こされるものだ。尾小屋５号機も角型ドームではないけれど、同系列の機関車である。

井笠鉄道10号機は、早くも1949（昭和24）年には休車扱いとなり、くじ場の機関庫で時を過ごした。

笠岡の陸橋下に保存された当時の９号機。

3

● B コッペル機のこと

コッペル社の分類呼称で「50PS-2/2-762」型、臼井茂信さんのホイールベースでの分類によると「グループB1400mm」という1913年、コッペル社製、製番6533～6535が井笠鉄道の1～3号機である。3輌まとめてドイツ製の新車を導入した井笠鉄道は、数多く誕生した軽便鉄道のなかでも「名門」を思わせたものだ。

鉄道開通よりひと足早く到着し、鉄道建設にも力を発揮した、という1～3号機は、3輌ともが井笠鉄道廃線時まで姿をとどめた。西武鉄道山口線で復活運転された1号機をはじめとして、1～3号機はそれぞれに保存されている。それを含め、晩年の1～3号機はそれぞれに少しづつのちがいが見られた。

最初見たときの1号機は煙室扉周りのクリート付、煙室から出てる蒸気管にカヴァ付であったが、前ページ写真の「さよなら運転」時にはともに外されていた。

それに煙室扉ハンドルが三本スポークという珍しいものだったが、それも一般的な四本スポークのものになっていた。このあたりは簡単に取り外したり取り替えたりできるので、自由に変化していたのかもしれない。

2号機はいち早く1962（昭和37）年夏には岡山市の池田動物園に西大寺鉄道の客貨車とともに保存されている。面白いことに「3」のナンバーが付けられており、それには、クリート、蒸気管カヴァが付けられている。左側水タンク前方のはしごがないのも特徴。井笠鉄道762mm（2フィート6インチ）、西大寺鉄道の914mm（3フィート）のゲージのちがいは、ハの字状の線路で対処しているのがなんとも…

3号機はキャブ前後の窓に覆いが付けられているのが特徴。煙室扉のボルトが他の4本に対し6本で、最初に見たときには火の粉止めの名残りが煙突上方に残っていた。福山市の「新市クラシックゴルフクラブ」に保存された。

廃線後、20 年以上が経ったある日、ずっと機関車のお守りをしてきた高橋三郎さんにお話を伺ったことがある。

「いや、ものを残しておくということは名門の心持ちじゃなあ。どこかゆとりがあったんじゃろう。最初のコッペルは３輌とも残っているからなあ。いま時分、新山の辺まで線路を敷いてコッペルを走らせたら、たくさんのひとが来てくれるでえ。煙を吐いて、やはり蒸気機関車はええ…」

西武鉄道山口線で復活保存運転をしたことを見て、線路を残しておけばよかったのになあ、と。それは、叶わぬ夢ではあるけれど、あながち夢とばかり捨て置く話でもないような気もする。

次ページの煙は、少しでも生きた姿に近いシーンを撮影したいと、お願いして「バルサン」を焚いたものである。このまま走り出してくれないか… と願ったものの、それは「井笠鉄道最後の日」のお別れ運転で、ようやく果たされることになるのだった。

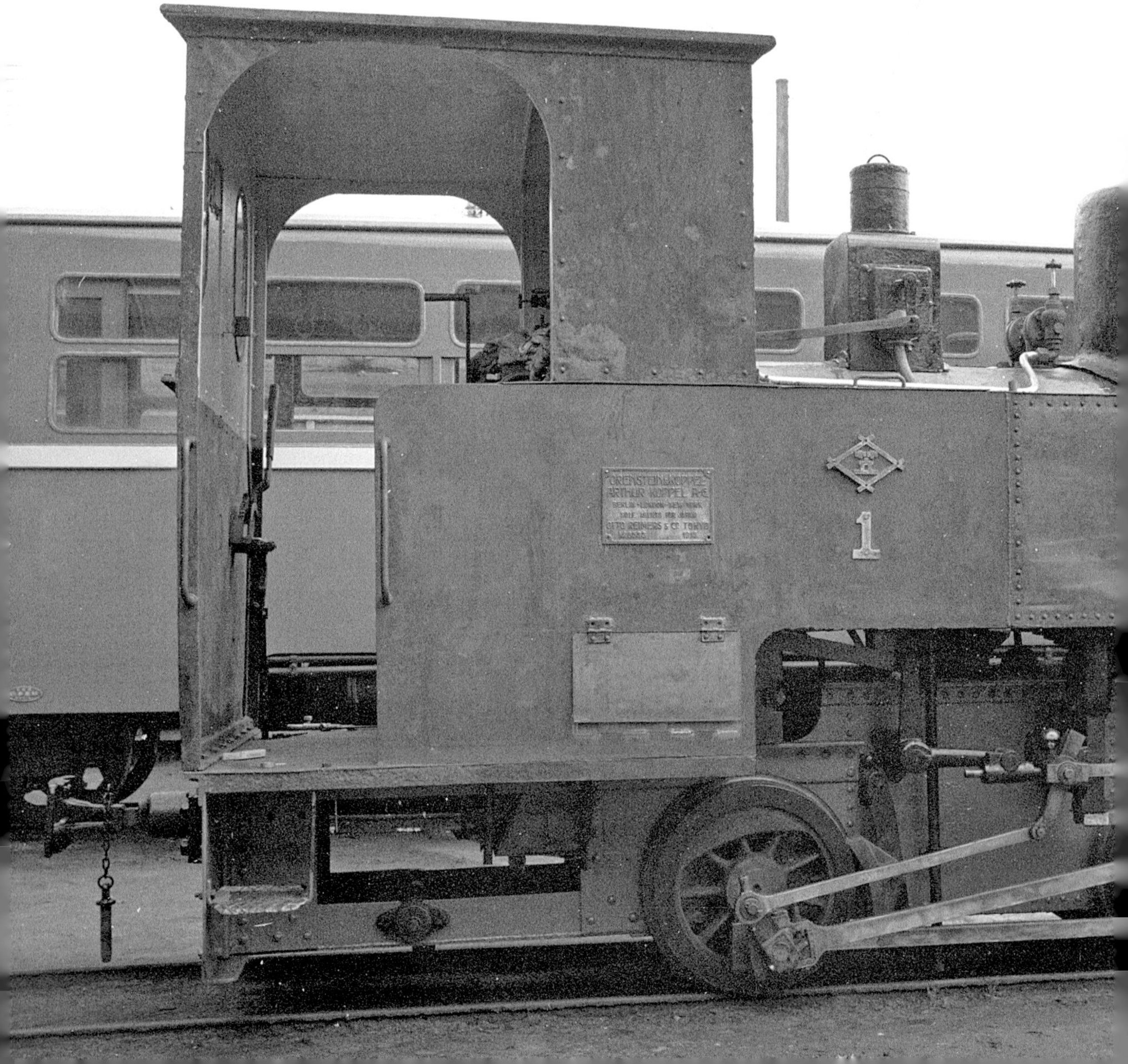

3
3

1

井笠鉄道 四輪聯結タンク機関車　1～3号

型式　機関車第一号

(*は数字の誤り)

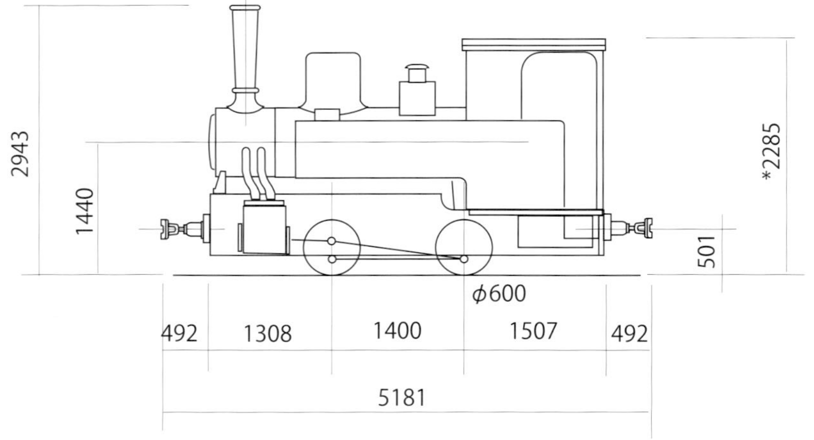

製造年 … … …　大正二年

製造所 … … …　独逸國オレンスタイン アンド コッペル會社

機関車重量 … …　9.14 噸

空車時ノ機関車重量 … … 7.27 噸

制動機の種類 … …　手用制動機

連結器の種類 … …　中央緩衝連結器

気筒径及行程 … … …　210 x 301

実用最高汽圧 … … …　12.38 瓩 / 平方糎

火床面積 … … …　0.39 平方米

伝熱面積 … … …　18.39 平方米

水槽容積 … … …　1.36 立方米

燃料堰ノ容積 … … …　0.48 立方米

井笠鉄道 六輪聯結タンク機関車　7号

型式　機関車第五号

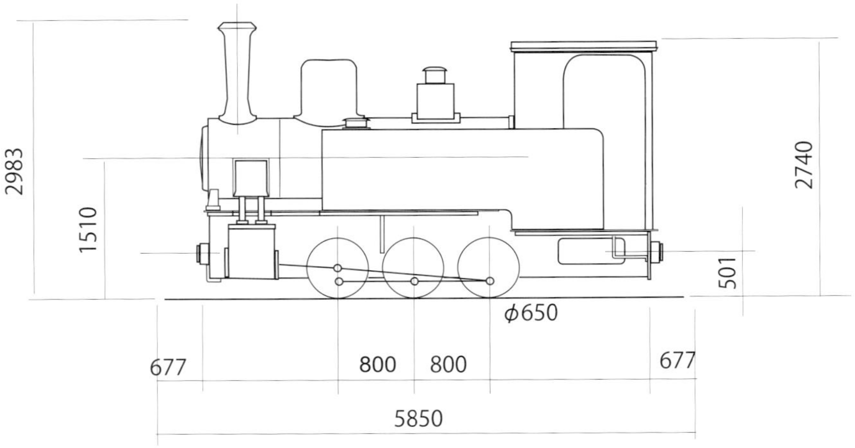

製造年　…　…　…	大正十四年
製造所　…　…　…	独逸國オレンスタイン アンド コッペル會社
機関車重量　…　…	12.19 噸
空車時ノ機関車重量 …　…	10.24 噸
制動機の種類　…　…	手用制動機
連結器の種類　…　…	中央緩衝連結器
気筒径及行程　…　…　…	230 x 325
実用最高汽圧　…　…　…	12.38 瓩 / 平方糎
火床面積　…　…　…	0.44 平方米
伝熱面積　…　…　…	21.18 平方米
水槽容積　…　…　…	1.47 立方米
燃料堰ノ容積　…　…　…	0.59 立方米

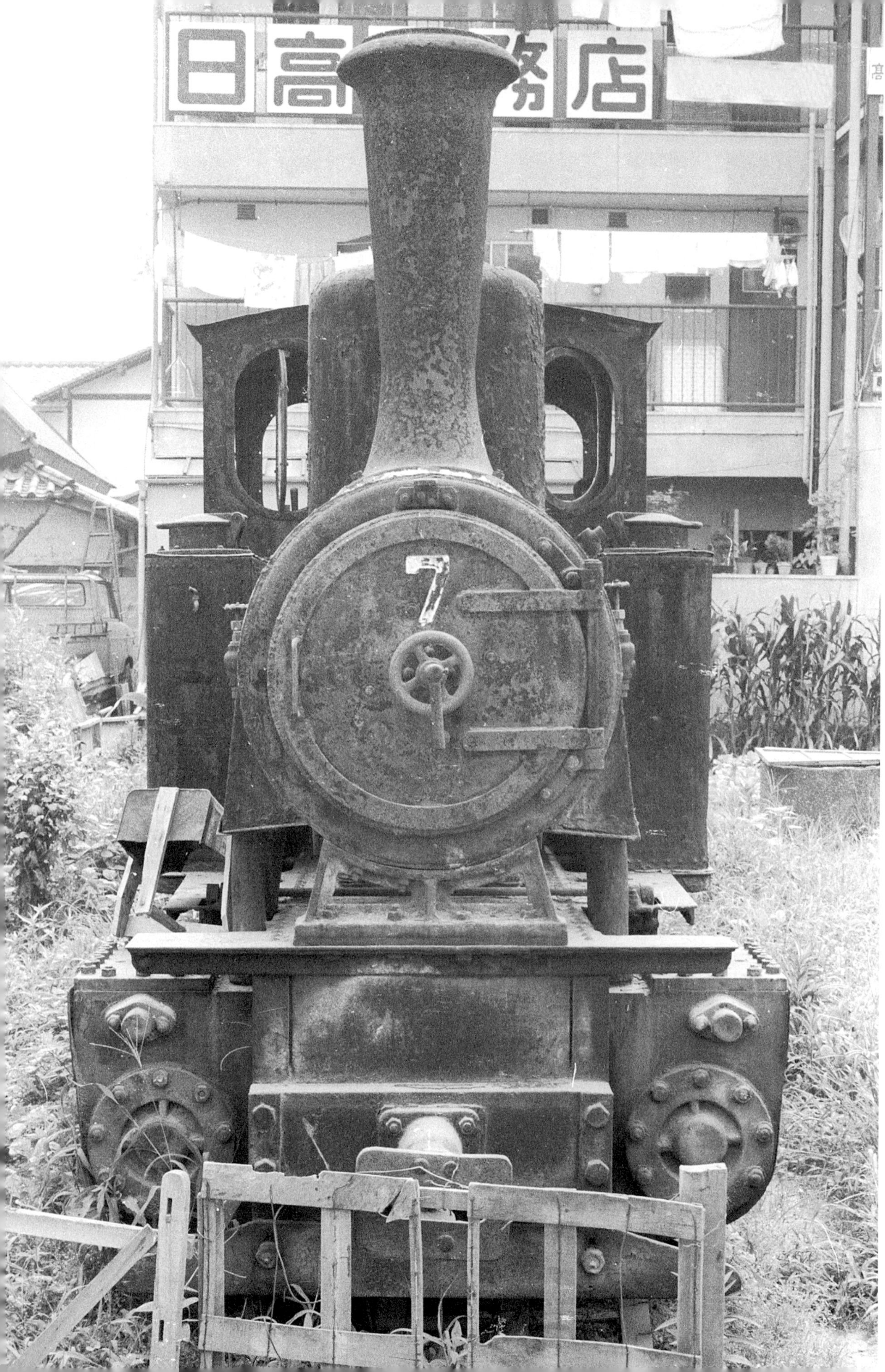
日高
務店
7

2 「茄子畑のコッペル」

それは「鉄道ファン」誌110号（交友社、1970年）、井笠鉄道が小特集された月刊誌のなかで、一番の売りものであった「カラー折り込み」は、なんと廃車になって、解体されたとばかり思われていた井笠鉄道7号機の写真であった。赤錆てすっかり生気はなくなっているものの、ほぼ廃車になったときのままの状態で、人家の間、小さな茄子畑の脇に置かれている姿は、衝撃的であった。くじ場の庫のなかで、保存のためか綺麗に保たれている1号機よりも、夢に描いていた「軽便の蒸気機関車」に近いもの、であった。

軽便鉄道にもいろいろある。それこそトロッコの先頭に立つ軽便蒸機もいいけれど、軽便鉄道の本線の機関車としては、このCコッペル機は理想型に近い。というより、わが国で、われわれが見聞できたなかでは随一、といっていいものだった。プロポーションといい、全体のまとまりのよさといい、軽便特有のエキセントリックな部分がなくまとまり過ぎている、という嫌いがあるほどにいい機関車であった。

残念ながら、井笠鉄道で木造客車の先頭に立つ姿こそ見届けられなかったが、想像を膨らますためにもぜひ見ておきたい。件の雑誌の写真撮影者であるN先輩に頼んで所在を教えてもらえばいいものを、なぜか自分で発見遭遇したい思いに駆られた。

「姫路市英賀保」という地名だけを頼りに、文字通りかつて茄子畑であったであろう場所で7号機を見付けたときの感動といったら。初めてのクルマによる撮影行で半日を空けていたのだが、思いのほか早く出遇うことができた。ちょっと離れてみたり、近寄って寸法を測ったり。それからというもの、幾度となく訪問、それこそ関西方面に行くたびに寄り道するのがつねとなってしまった。

晩年のくじ場車庫で、ホンのタッチの差で見ることのできなかった7号機のことを訊ねたことがある。

「最後まで使っていたのは…　そうじゃ7号機。力はあるし、いいカマじゃったで。6輛の団体列車、300人から乗った列車を牽いたことがある。大井村の勾配のところは後にもうひとつカマを付けてな」

それは壮観だったろうなあ。井笠鉄道というのは軽便の本線。高橋さんの語る話は、そこを走る重量列車を想像させてくれ、それはそれでとても興味あるものとなった。

7号機はその後も流転をつづけ、パチンコ屋が看板代わりに使ったりしたのち、「野辺山SLランド」で安住の地を得たかと思われたが、2018年8月、同園の閉園に伴い、移動することになっている。

やっと見付けた7号機。
1970年7月撮影。（右写真）

TEL 36-5461
7

7

7

雨上がりの7号機
煙室扉ハンドルに
雨のしづくが…

7

7

左の写真は 1974 年 3 月、すでに井笠鉄道は廃線になった後の写真。周囲の畑はなくなってしまっていた。

7

3 新旧ディーゼルカー

● ホジ7のこと

ホジ7は1931（昭和6）年11月、大阪の梅鉢鉄工所でつくられた、井笠鉄道にとって初の本格的ボギイ・ガソリンカーであった。前後に荷物用デッキを持ち車体全長9m級の実に好もしいスタイリングの車輛。井笠鉄道では主力車とすべく、翌32年にホジ8、9の2輛が増備されるが、その実は、なかなか思い通りにはかなかったようだ。

当初、フォード社製Aタイプのガソリン・エンジン搭載であったが、それは、水冷直列4気筒サイド・ヴァルヴという旧式なもので、3285ccの排気量で出力は僅か40PS。4段ギアボックスを介してチェイン駆動で片方の台車の2軸を駆動したが、もともとのパワー不足は如何ともし難かった。

くじ場機関庫の高橋三郎さんに伺ったことがある。

「立派な大きさの新車じゃった。みんな期待しとったがなにしろ力がない。図体ばかりでぜんぜん走らんのよ。それまで使うとったボンネット（単端式ガソリンカー）の方がよほどいい。結局、エンジンをおろして客車として使うたり、戦後ディーゼルに改造してようやく本来の役に立つようになった…」

井笠鉄道での型式は客車第十号、同十一号、並等自働客車。ホジの「ジ」は自走客車の意で、ホはボギイ車を表わす。1944（昭和19）年に客車化してハ20～22（なぜかホハではなかった）に、その後、1949（昭和24）年10月に富士重工でいすゞDG32型ガソリン・エンジンを搭載して代用燃料ながらガソリンカーとして復活。このとき、型式ホジ7、ホジ7～9となった。つづいて1952（昭和27）年3月、いすゞDA45型ディーゼル・エンジンに換装。前の復活時に台車も鋳鋼製のものに変更、第三軸の一軸駆動にされている。自重は9.4tに増加したものの、90PSのディーゼル・エンジンはトルクも充分で、客車を牽いて文字通りの主力として活躍した。

支線が廃止になってからは予備車となって、くじ場の車庫で休む日々であった。しかし、存在感は大きく、一度走るシーンを見たいと願ったものだが、それは、最後の日の「さよなら列車」でようやく実現したのだった。

基本的に3輛は同型で、荷台部分の扉が一段（ホジ7）か二段（ホジ8、9）かで見分けられた。晩年のホジ9には正面窓の手すりがなかった。

運転席となりの特等席はいいなあ。

7

ホワ
15

④

②

ホジ７の床下には、いすゞ DA45 型ディーゼル・エンジンが搭載され、プロペラシャフト、ディファレンシャルを介して、第三軸が駆動軸となっている。鋳鋼台車はディーゼル化の際に換装されたもの。左上の写真のように駆動台車は枕はりが偏心している。両端面下方にはラジエータが吊り下げられている。

廃線後は、ホジ９が笠岡の陸橋下に保存されるも、一時は荒れ放題になっていた。現在は笠岡市が管理し、「ホジ９保存会」もつくられているようだ。

ホジ８は 1980 年２月 21 日のくじ場車庫の火災で焼失、ホジ７は個人が保存したというが消息は知れない。

上の写真がホジ 7、下は左がホジ 9、右がホジ 8。右ページはホジ 8。荷台上は燃料タンク。

上の写真がホジ 8、下と右ページがホジ 9。

ホジ１～ホジ３

ホジ１～３は1955（昭和30）年10月に新製された、軽便鉄道にとっては「最新型」と呼べるようなディーゼルカーである。正面Ｈゴム二枚窓、上段Ｈゴム固定に上昇窓を備えた近代的なスタイリングは、昔ながらの軽便とは一線を画すものの、そんなに不釣り合いなものではなかった。機関車代わりに、木造客車やときに貨車を加えた混合列車として走るシーンは、晩年の井笠鉄道の姿として印象に残っている。

製造はホジ１、２が日本車輌、ホジ３が富士重工業。型式はホジ１で、エンジンはともに日野DS22型、6気筒5897ccのディーゼル・エンジンで、125PSというパワーの持ち主だ。数輛の客車牽引などなんの造作もないことだろう。

ホジ１、２はくじ場車庫の火災に遭遇、ホジ３は下津井電鉄に売却された。

ホジ 101、ホジ 102

1961（昭和 36）年４月には「蒸気機関車全廃」を目標に、２輌のディーゼルカーが増備される。型式ホジ 100、ホジ 101、102 がそれで、ホジ１型に準じ、同じく日本車輌でつくられた。ただエンジンのみはひと回りパワーアップした日野 DA40 型、6 気筒 7697cc、150PS とされている。

細かいところで差異を見付けるならば、ホジ１では運転席窓の上部が一段凹まされているが、ホジ 100 型では単純に H ゴム支持になっている。また、運転席正面に通風用の開閉可能の窓が付けられている。

廃線後は、ホジ 101 がホハ８とともに「経ヶ丸グリーンパーク」に保存された。

安全第一

井笠鉄道 四輪ボギー内燃動客車　ホジ7

型式　ホジ7号

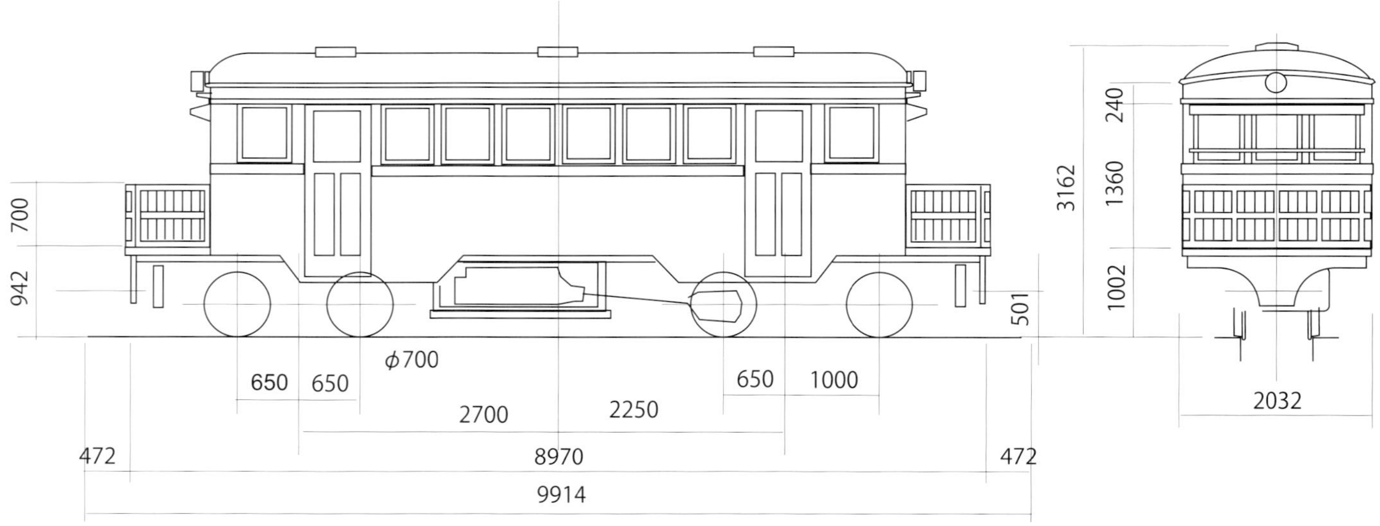

製造年	… … …	昭和24年10月
製造所	… … …	富士産業宇都宮工場
定　員	… … …	40人（うち座席24人）
自　重	… … …	9.4　噸
制動機の種類	… …	手用制動機
連結器の種類	… …	中央緩衝連結器

機関	種類	… …	いすゞDA45型ディーゼル
	最大出力	… …	90HP（2600回転）
	気筒	… …	95 X 120 X 6気筒
変速機		… … …	第一速　6.15
			第二速　3.05
			第三速　1.79
			第四速　1.00
			後　退　7.68
			逆転総歯数比　4.86 衝連結器

井笠鉄道 二軸ボギーディーゼル動車

ホジ1～3

型式　ホジ1号

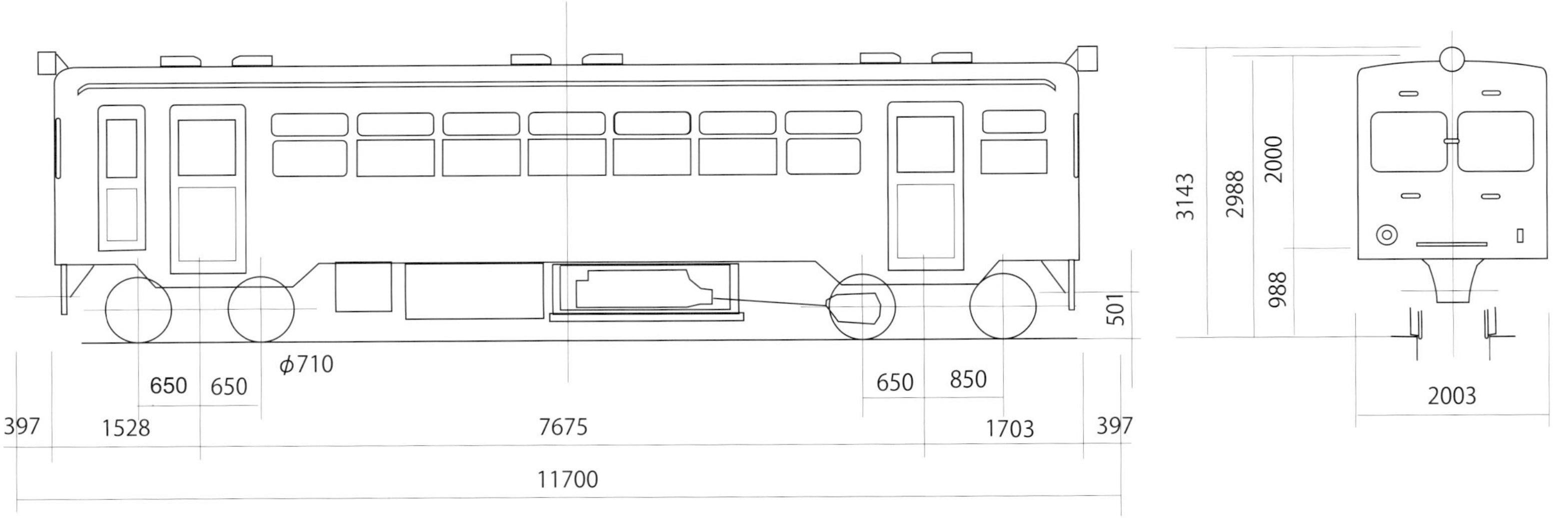

製造年	昭和 30 年 10 月
製造所	日本車輌製造株式会社
定　員	70 人（うち座席 38 人）
自　重	12.61　噸
制動機の種類	SMS 空気ブレーキ、手ブレーキ
連結器の種類	中央緩衝連結器

機関	種類	日野 DS22 型ディーゼル
	最大出力	125HP（2400 回転）
	気筒	95 X 120 X 6 気筒
変速機		第一速　5.983
		第二速　3.243
		第三速　1.736
		第四速　1.00
		逆転総歯数比　4.466

4 素敵な木造客車貨車群

● 客車のこと

残されていた「宝もの」というべきコッペル社製蒸気機関車の陰に隠れてしまっていたか、の感はあるけれど、晩年の井笠鉄道の車輌のなかで、一番好もしく軽便的で貴重品といえるのが客車群であった。なにしろこの鉄道の開業時に、日本車輌で新製された6輌の木造客車が、佳き時代の面影を多く残したまま実用に供されていた。

それらは1輌も欠けることなく廃線まで60年近く走りつづけた。製造当初のモニタールーフがダブルルーフに変わり、台車がベアリング軸受に変更されてはいたものの、全体の雰囲気は夢に描くような「軽便客車」の姿そのものであった。後年はそれぞれに細かい差異があったが、丸い妻の残されたものが、より好みであった。黄色と浅緑色の塗色も、文字で書けば派手に聞こえるが実にしっとりとしていて、クラシカルな木造客車によく似合っていた。

軽便鉄道としては最新型のディーゼルカーに牽かれて走るシーンは、ああ、機関車が蒸機だったらな、とは思わされたものの、それはそれで心に残る軽便鉄道の情景としていまとなっては懐かしく思い起こされる。

開業時に6輌だった客車は、その後間なしに増備された3輌のオープンデッキののち、路線が増えるたびに客車も増やされていった。矢掛線用に増備されたホハ10は、地元岡山県の内田鉄工所でつくられたりした。翌年に登場したホハ11からはシングルルーフになっている。

結局は、レールカーがエンジンをおろして客車化されたものを除き、トータルすると16輌ものボギイ木造客車が井笠鉄道で働いたことになる。最終的には引き戸を備えた密閉式のホハ19までの番号が並んでいた。もと神高鉄道からやってきたものである。

晩年の井笠鉄道は、昼間の閑散時にはディーゼルカーに客車1輌、通常時は客車2輌または客車と貨車1輌ずつという編成で走った。朝夕の混雑時には最大4輌の客車を2輌のディーゼルカーで挟んだ6輌編成も見られた。

ホハ1、ホハ2

客車第一号という型式、晩年はホハ1、ホハ2となっていた2輌は、もともとはケホロハ1、2→ホロハ1、2として開業時に用意された特等、並等合造の客車である。

晩年は荷物室付となり、ホハ1、2を名乗っていた。しかし、よく観察してみると、小さな改装が繰返された結果か2輌はかなり印象が異なっていた。

ホハ1の方は妻板が平妻になり、全長にわたって窓下方に手すりが、荷物室部分には縦の保護棒が2本取付けられていた。もと特別室付であった名残りか、窓ふたつ分の次の窓桟が他の60mmに対して105mm（実測による）と他の部分より幅広くなっているのが特徴だった。

廃線後「井笠鉄道記念館」に保存するべくくじ場車庫で保管されているとき火災に遭い半焼。のちに補修されたが、そのときに窓桟はすべて同じ幅に変更されている。現在も記念館に展示されている。

丸妻が特徴的なホハ２は、ホハ１と同じく窓２個分の荷物室付で、その部分には保護棒が付けられているが、窓幅は等間隔になっている。実測で窓幅は 510mm だが、両端のみ 10mm 大きくされている。

前ページの写真のように、右側面の荷室部分、窓２個分に外側に手すりが付けられている。この辺りの工作は時期によってもちがうようで、まさしく工場の手づくり感がいっぱいだ。

荷物室側のデッキ部分に手ブレーキが装備されている。ダイヤモンド・タイプの台車は、枕バネのコイル・スプリングが２個直列になるよう工夫されている。軸間距離は３フィート６インチ（1067mm）だ。

廃線後のホハ２は、荷物室を撤去したうえで、西武鉄道に移り 31 号客車として西武山口線で復活運転された。現在は成田ゆめ牧場の羅須地人鉄道協会が保存、レストレイション中。

笠岡 井原
ホハ
3
定員 五〇

井原 笠岡
ホハ
5

ホハ３～ホハ６

ケホハ３～６→ホハ３～６も開業時に用意された、日本車輌でつくられた並等車。型式は客車第二号と分けられているが、基本的にホハ１、２と同じで、室内装備が異なるだけであった。

晩年には細かいちがいがあり、ホハ３は標準的な丸妻のままであったが、ホハ４は丸妻ながら妻板上部の横梁がなし。ホハ５は平妻で縦雨樋が側板前後ではなく、妻板側面に付けられていた。

ホハ６は丸妻であるとともに、貫通ドアの上部がＲ付だったのが特徴的。しかし、実際に貫通ドアから車輌間を移動することはなかったようだ。晩年のホハ６の仕切り扉には「係員以外入室厳禁」の文字があった。

いずれにせよ、その都度、自社工場で使い勝手のいいように改修されていたのだろうから、細部のヴァリエイションはその結果というもの。

ホハ３は京都桃山城公園、ホハ４が三重長島温泉で保存されたが、いずれも現存しない。ホハ５、６は西武鉄道で32、33として山口線で運転後、ホハ５はホハ２とともに羅須地人鉄道協会に、ホハ６は現在は栃木県塩谷町の「風だより」で保管されている。

左の写真、手前の縦雨樋が破損している。右写真、客室ドアに「係員以外入室厳禁」の文字。修理中なのか、シートが一部外され、室内灯も取外されている。ダブルルーフの内側にあるリブや網棚など、ひとつひとつが興味深い。

ホハ７～ホハ９

井笠鉄道が開業して間もなく増備された３輌は、先のホハ３～６の客車第二号につづき、客車第三号という型式をもらう。それまでの客車よりひと回り大型で、全長で 600mm、台車中心ピン間が 1m 近く延長されて、全長は 9.6m となっている。定員も 10 名増えて 60 名（うち座席 36 名）。台車は同じ鋼板を組立てたダイヤモンド・トラックながら、枕梁周辺はよりヘヴィ・デューティにされている。中央一点で支えられていたトラス棒も、二カ所のクウィーンポストで支えらるようになった。

外観上の特徴は妻板なしのオープンデッキとなったことで、全体の雰囲気はホハ１～６とは大きく異なる。当初はモニタールーフであったが、ホハ１～６と同様、後年にはダブルルーフに変更された。

支線が廃止になったおりに、ホハ７とホハ９は廃車になり、最晩年にはホハ８のみが残されていた。廃線後は井原市の「経ヶ丸グリーンパーク」にホジ 101 とともに保存された。

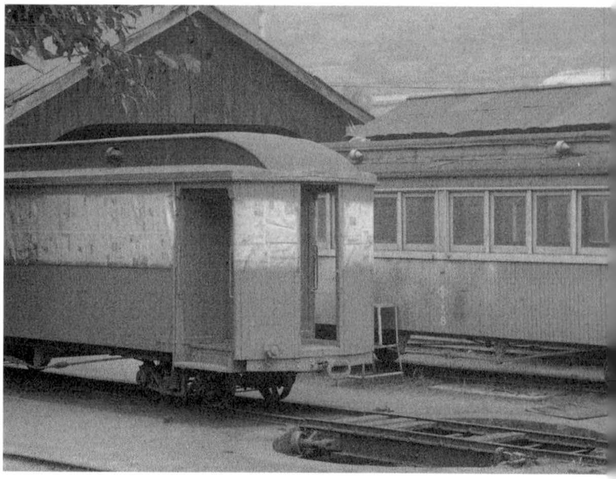

ホハ 10

支線の開業などに際し、1921 年に増備された。それまでの日本車輌ではなく、地元の内田鉄工所でつくられたもので、当初からダブルルーフ付であったのが大きな特徴。また当初は窓 3 個分の特等室が設けられ、寸法的にはホハ 1 などよりホンのひと回り小型であったが、定員等は同じとされた。

晩年は窓 2 個分が荷物室に充てられ、ホハ 1 と同じように窓下部に手すりが付けられていた。微妙な屋根端面のちがいから軽快な印象を受けた、

廃線後は西武山口線の 34 として使用後、ホハ 6 とともに現在は栃木県塩谷町の「風だより」にある。

ホハ11、ホハ12

1922（大正 11）年にはふたたび日本車輌に客車が発注される。それはひとつ時代が変わった印象を与えるものであった。書けば、シングルルーフ、オープンデッキ、加えて窓も窓2個を一組にした2×5という配置となったことだ。台車は枕梁部分に上下二組の板バネが組み合わされたものを導入した。

晩年、大きな注目を集めたのが凝ったデザインのデッキ部分の手すりだ。それこそ街の鉄工所のヴェテラン職人さんが腕によりを掛けてつくったような、複雑かつ素敵なものであった。模型につくることを考えて寸法を測ったことがあるが、幅 30mm の帯板とφ 26 のパイプの組合せ。とてもそのまま模型の縮尺で小さくはつくれないだろう繊細なサイズであった。

晩年は、残念なことにホハ 11 はホハ 7 と同じ手すりに交換されてしまっていた。

廃線後、井笠鉄道が経営する「赤坂遊園」で保存されたが、1991 年、同園が閉鎖されたために、ホハ 12 は 2 号機関車とともに福山市の「新市クラシックゴルフ」に移され、ホハ 11 は近隣の保育園に引き取られた。

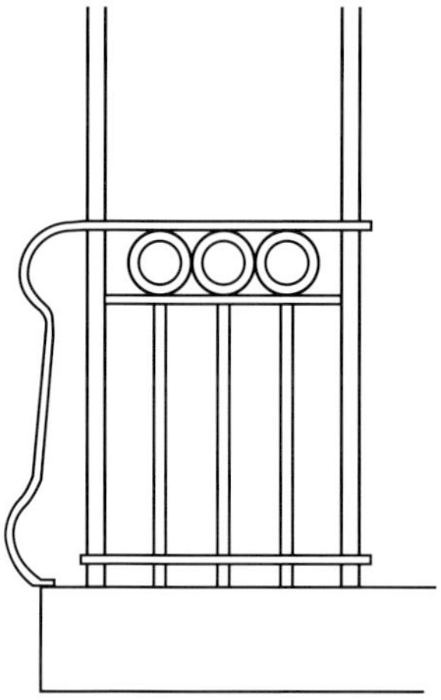

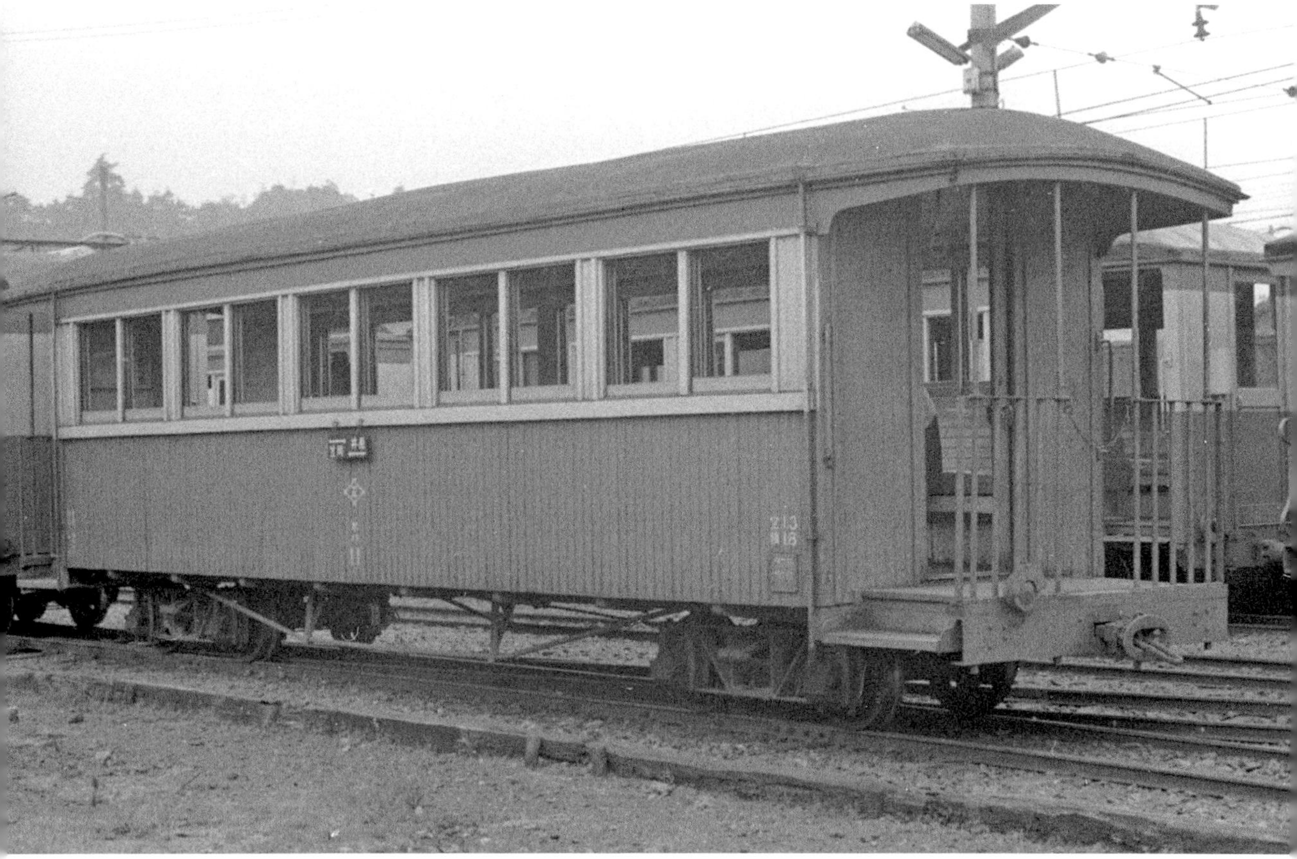

井原 笠岡
ホハ
12

井原 笠岡
ホハ
13

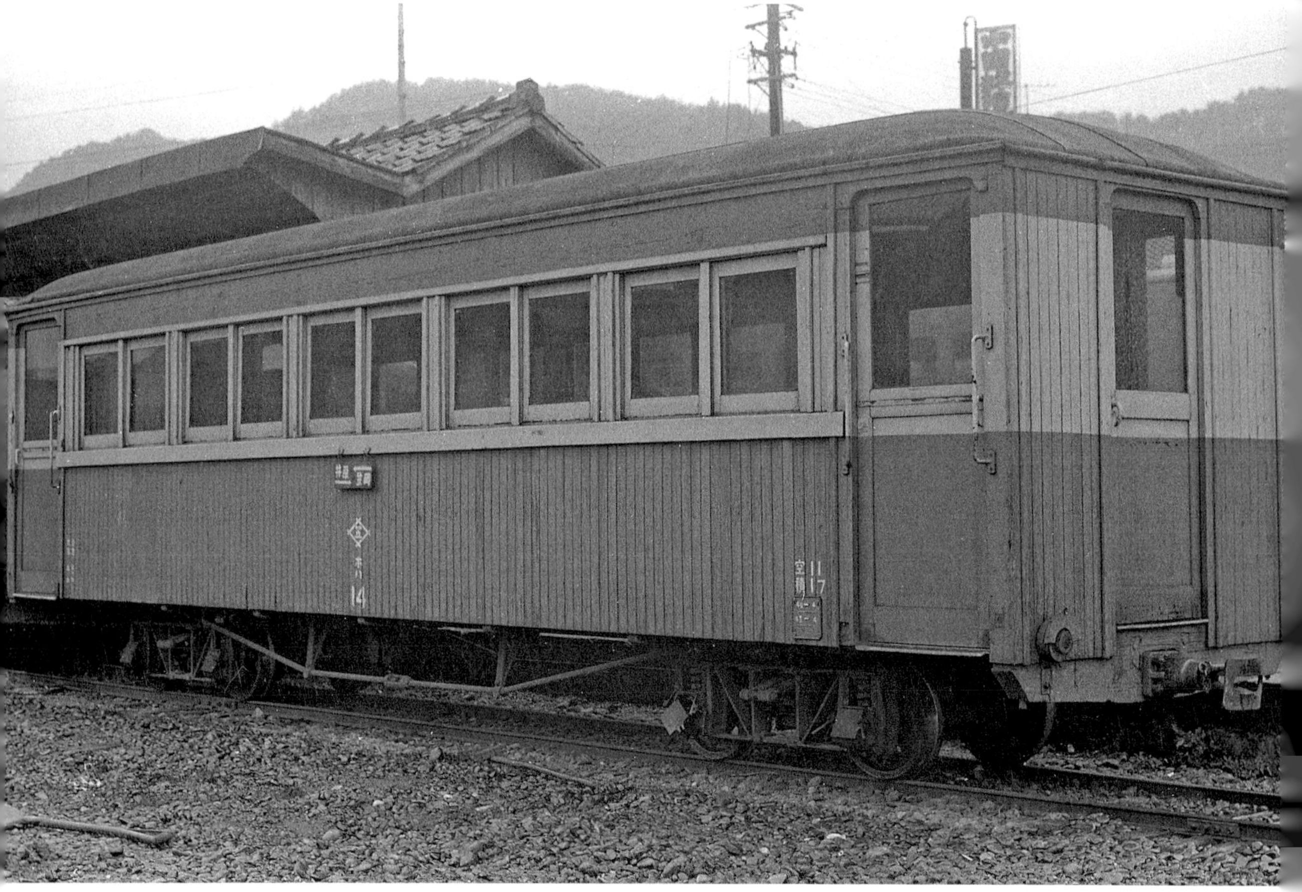
井原 笠岡
ホハ
14

ホハ13、ホハ14

高屋線開通に合わせ、1925（大正14）年に増備された客車第六号、ホハ13、14は、基本的には前のホハ11を引継ぎながら、ついにサイドに引き戸を備えた密閉式の木造客車となった。両サイドの窓各1個が戸袋になっている。貫通ドア部分にもちゃんと扉が付けられ、本当に密閉式になっている。

でも、乗客はどうだったのだろう。オープンデッキは危険といえば危険かもしれないが、それなりの開放感もあって、よくデッキで風に髪をなびかせている乗客を見ていたから、果たして密閉式は好評だったのだろうか、などと思ったりした。

室内には丸ハンドルの手ブレーキが装備されていた。また、竣工図ではトルペード形ヴェンティレイターが4個備わっているようになっていたが、晩年の実車はヴェンティレイターなしであった。

廃線後は西武山口線で37、38として活躍後、北海道「丸瀬布いこいの森」に移った。38の方はホハ19に戻され、井笠鉄道時代に近い塗色にされて多客時に使用されており、ホハ14は車体部分を取り除かれて、フラットカーのようにされている。下はホハ13の室内。シートの両端が優雅な形だ。

ホハ 18、ホハ 19

ホハ 13 と同じくして、1925（大正 14）年に隣接する両備鉄道→神高鉄道も 2 輌の客車を増備することになった。示し合わせたのかどうかは知る由もないが、ほとんど同型といっていい 9m 級の木造客車。ただ、神高鉄道はプラットフォームの高さが低かったことから、ドア部分の裾が下げられているのが特徴的である。

基本的に同型といっても、この裾のちがいは大きく、全体の雰囲気もどこか重々しく異なって見える。当初はあったらしいヴェンティレイターなども、晩年は付けられていなかった。

神高鉄道時代にはナ 19、20 という番号だったが、井笠鉄道に引き継ぎ後は、順番でホハ 18、19 の番号を与えられた。但し型式は客車第十七号と一気に飛んでいる。

廃線後、デッキ部分をオープンデッキに改造の上、西武鉄道 35、36 の番号となって山口線で使用。その後は「丸瀬布いこいの森」に移り、ホハ 19 は使用されているが、ホハ 18 の方は予備車として保管されている。

空 1.2
積 1.8
47－4
44－4

貨車：ホワフ

最晩年まで残されていた貨車はホワフ１～5、ホワ１、2、4、ホト１、２のわずかに計10輌。最盛期には47輌もの貨車が籍を置き、貨物列車も相当数が運転されていたことを思うと、時代の移り変わりを感じずにはいられない。

道路が整備され、乗用車によって軽便鉄道のお客が減ったのと同様、トラックの発達は軽便鉄道の貨物をも奪っていった。笠岡駅では貨物ホームで、井笠鉄道から国鉄貨車に貨物の積換えシーンが見られたのも、佳き時代の語り草になってしまった。

井笠鉄道の貨車はホワフ、ホワ、ホトにホチ１、２という２輌があっただけで、車種的にはシンプルであったが、どれもが好もしいいかにも軽便的なスタイルの貨車であった。台車は一般的なダイヤモンド・トラックの類であったが、枕バネは二本のコイル・スプリングが並列に配置され、重量に対応するものであった。

妻板にも扉が設けられていて、テールランプ代わりの赤い丸板を付けて、ディーゼルカーに牽かれて走るシーンは、いかにも井笠鉄道といったもので忘れられない。

ホワフ
3
車掌
容積9.781
空0.7
積1.3

ホワフ
4
車掌
積1.6

ホワ
1
荷重 4 瓲
容積 12.41
自重 3.15瓲
空 0.6
積 1.4

ホワ
2
荷重 4 瓲
容積 12.41
自重 3.15瓲

貨車：ホワ

井笠鉄道のホワは、ホワ1、2、4という3輌が残っていた。中でも特に興味深いのはホワ2で、片側にオープン・デッキを持ち、そこには手ブレーキを備えている。一般的にはブレーキを備えているものに「フ」を付けるのだが、井笠鉄道では車掌室付を「フ」としていたようだ。

車輪直径は1フィート8インチ(508mm)、ホイールベースが3フィート6インチ(1066mm)の台車を履く。軸箱がベアリング入りのものとなっているのは、1950年代はじめの改造。荷重4噸、自重3.15噸という全長6m級の有蓋車だ。

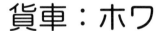

貨車：ホト

開業時に８輛、すぐに翌年４輛が増備された無蓋貨車は、のちに鉄側の「ホテト」も増備されたりしたが、最終的には２輛を残すのみになっていた。それも、普段はほとんど使われることはなく、最後は側板を外し、長物車代用として廃線後の線路撤去などに使われた、という。

上はひと回り大型のホワフ５で、1924 年に増備されたものだ。荷重６噸、自重は 5.59 噸である。全長は 8m 級、客車に近いサイズであった。

右はホワ２のブレーキ側端面。いつも井原駅の構内に置かれていたのが思い出される。

井笠鉄道 並等客車　ホハ1、2

型式　客車第一号
（図はホハ1を示す）

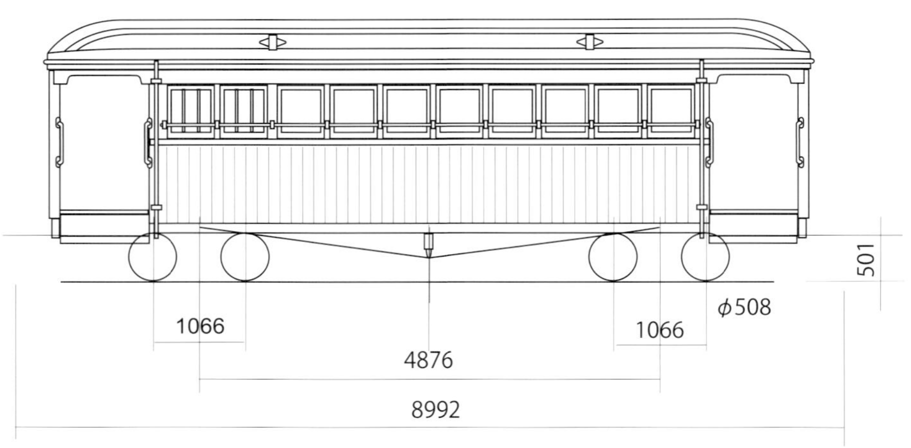

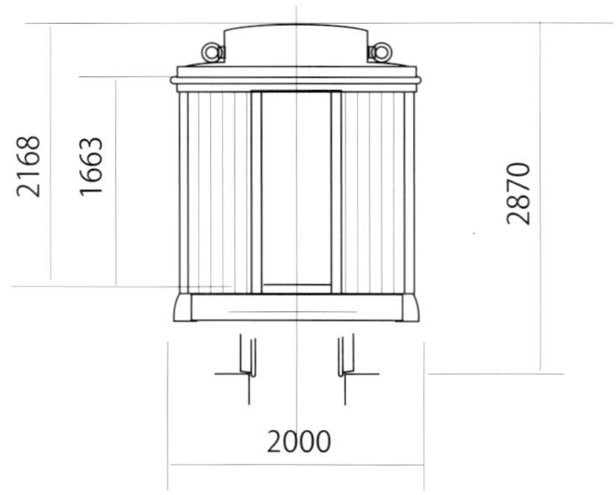

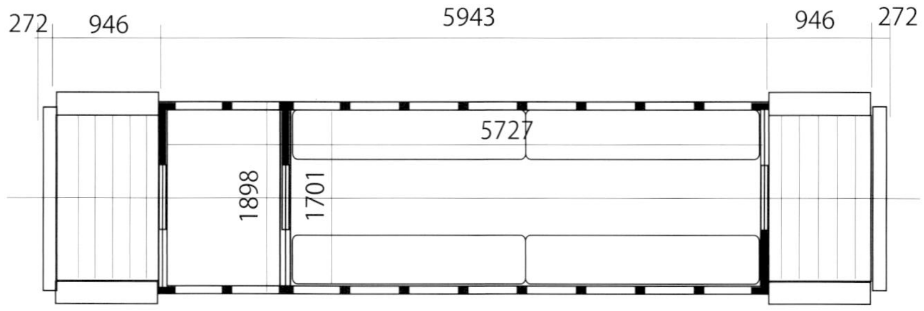

製造年 …… …… ……　大正二年十一月
製造所 …… …… ……　日本車輛製造株式会社

定　員 …… …… ……　5　0人（うち座席26人）
自　重 …… …… ……　4.47　噸
制動機の種類　…… ……　手用制動機
連結器の種類　…… ……　中央緩衝連結器

井笠鉄道 並等客車　ホハ3〜6

型式　客車第二号

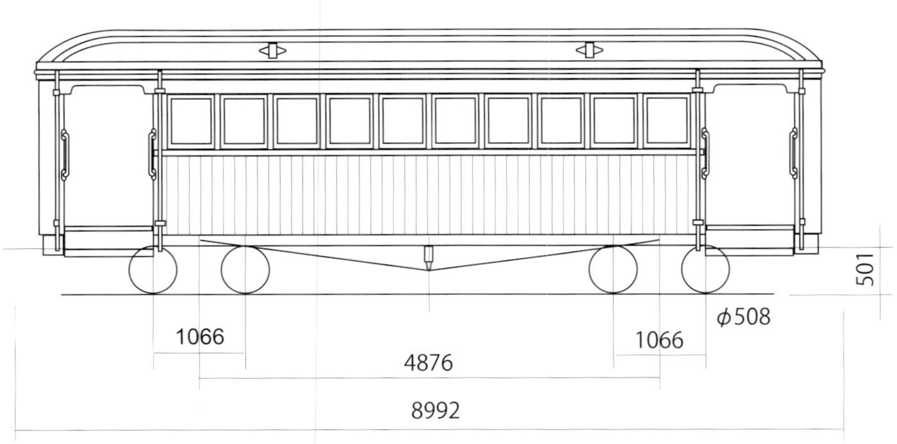

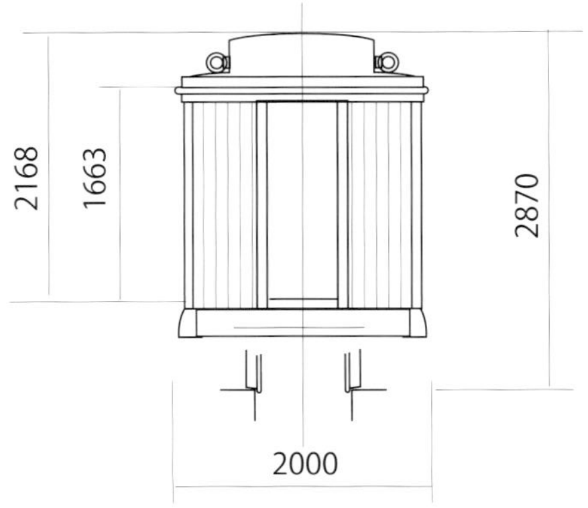

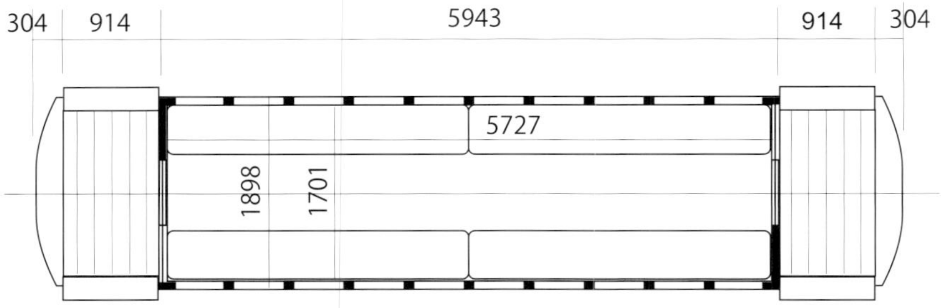

製造年　…　…　…　　大正二年十一月
製造所　…　…　…　　日本車輌製造株式会社

定　員　…　…　…　5　0人（うち座席 26 人）
自　重　…　…　…　　4.37　噸
制動機の種類　　…　…　手用制動機
連結器の種類　　…　…　中央緩衝連結器

井笠鉄道 並等客車　ホハ10

型式　客車第四号

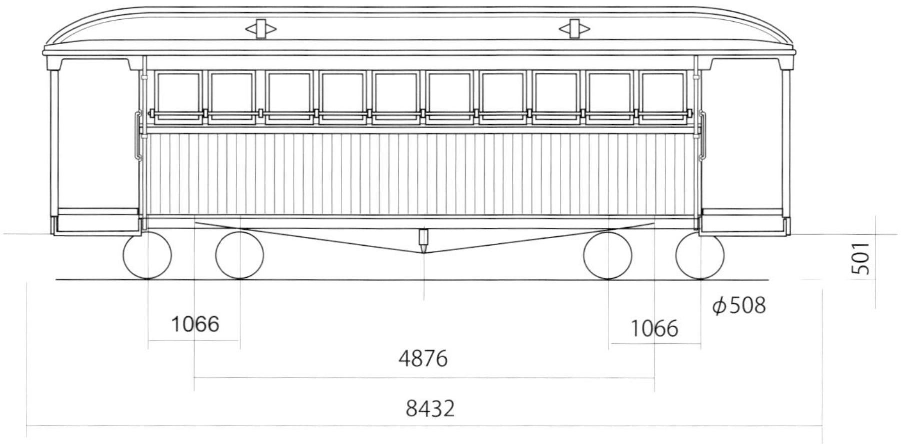

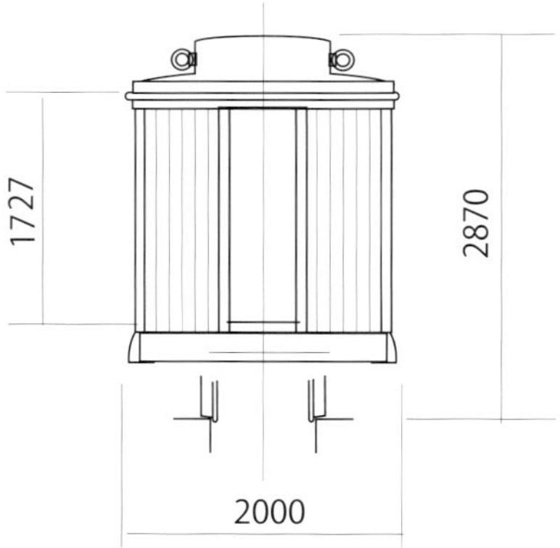

製造年　…　…　…　　大正十年十月
製造所　…　…　…　　内田鐵工所

定　員　…　…　…　5　0人（うち座席26人）
自　重　…　…　…　　3.30　噸
制動機の種類　　…　…　手用制動機
連結器の種類　　…　…　中央緩衝連結器

井笠鉄道 並等客車　ホハ11、12

型式　客車第五号

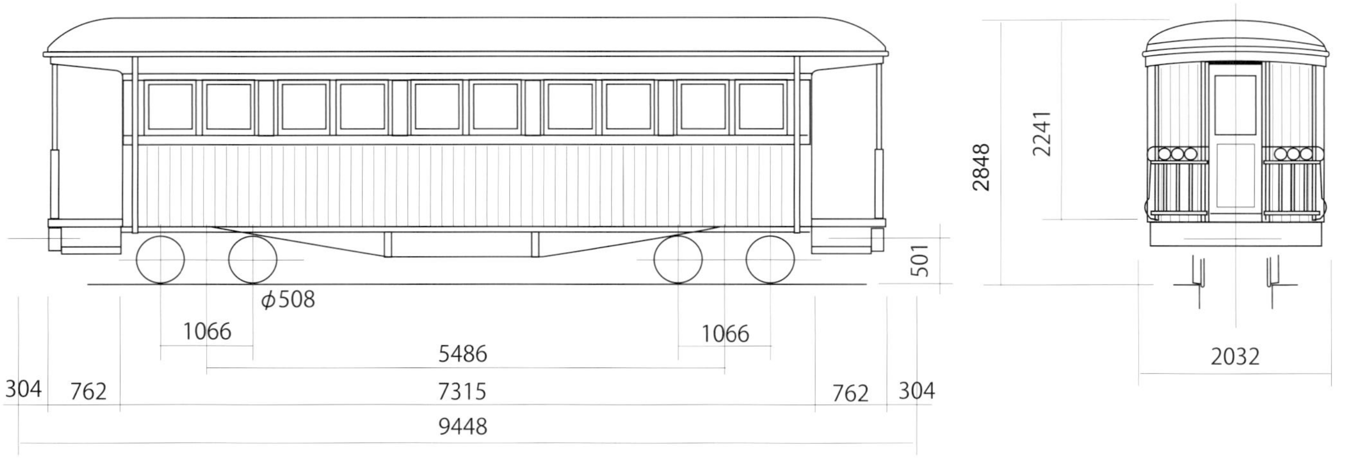

製造年　…　…　…	大正十一年八月
製造所　…　…　…	日本車輛製造株式会社
定　員　…　…　…	54 人（うち座席 34 人）
自　重　…　…　…	6.48　噸
制動機の種類　…　…	手用制動機
連結器の種類　…　…	中央緩衝連結器

井笠鉄道 並等客車　ホハ13、14

型式　客車第六号

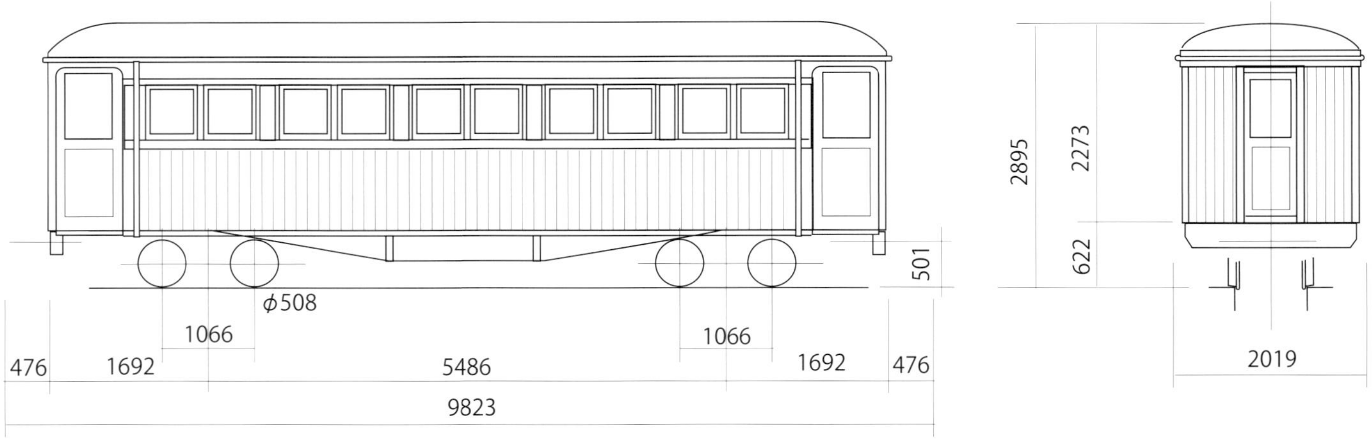

製造年　…　…　…	大正十四年五月
製造所　…　…　…	日本車輌製造株式会社
定　員　…　…　…	5　4人（うち座席 34 人）
自　重　…　…　…	5.64　噸
制動機の種類　…　…	手用制動機
連結器の種類　…　…	中央緩衝連結器

井笠鉄道 並等客車　ホハ18、19

型式　客車第十七号

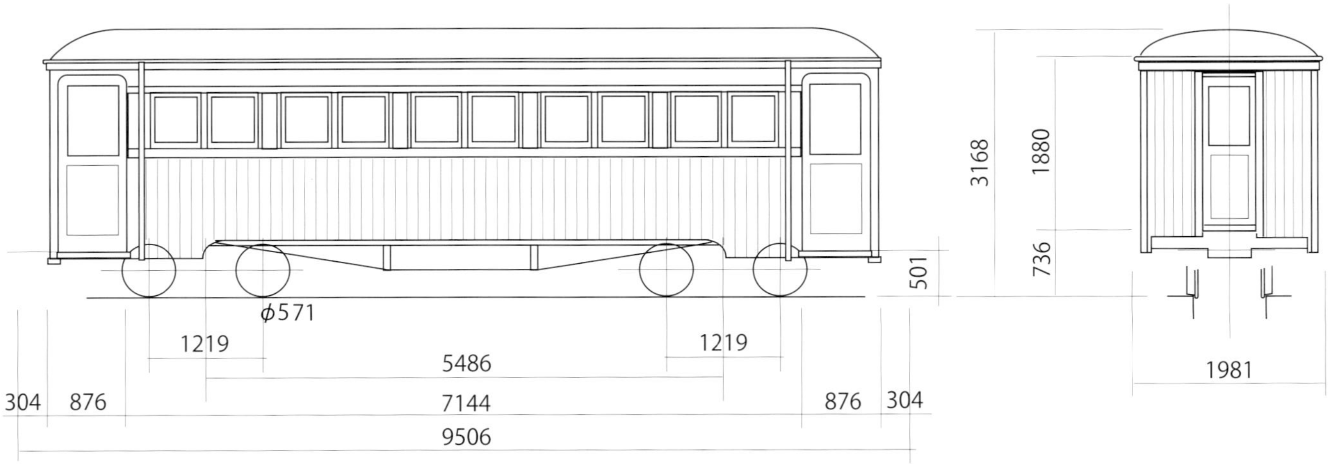

製造年 ………	大正十四年十月
製造所 ………	日本車輌製造株式会社
定　員 ………	5　4人（うち座席30人）
自　重 ………	6.32　噸
制動機の種類 ……	手用制動機
連結器の種類 ……	中央緩衝連結器

井笠鉄道 無蓋貨物車　ホト1〜8

型式　貨車第壱号

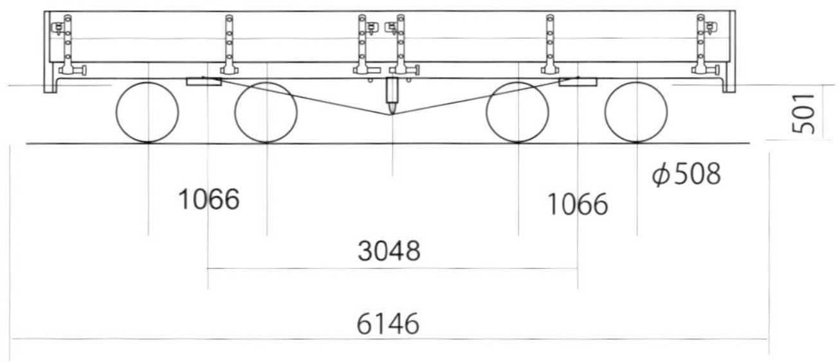

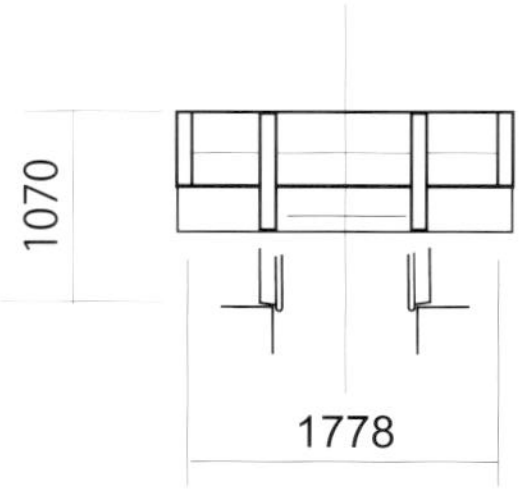

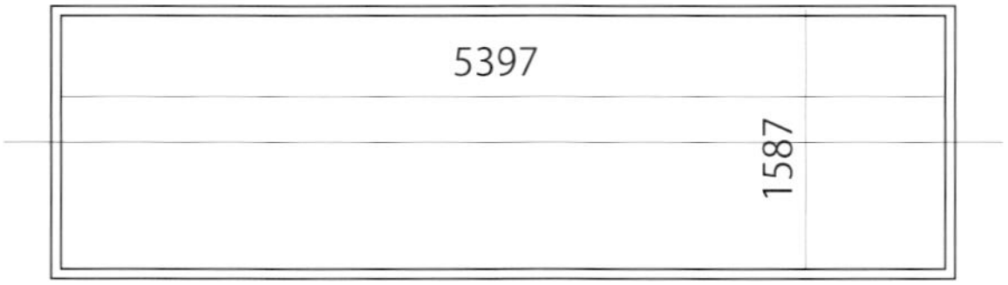

製造年　…　…　…　大正二年十一月
製造所　…　…　…　日本車輌製造株式会社

荷　重　…　…　…　9.00　噸
自　重　…　…　…　2.84　噸
制動機の種類　…　…　手用制動機
連結器の種類　…　…　中央緩衝連結器

井笠鉄道 有蓋貨物緩急車　ホワフ1、2

型式　貨車第三号

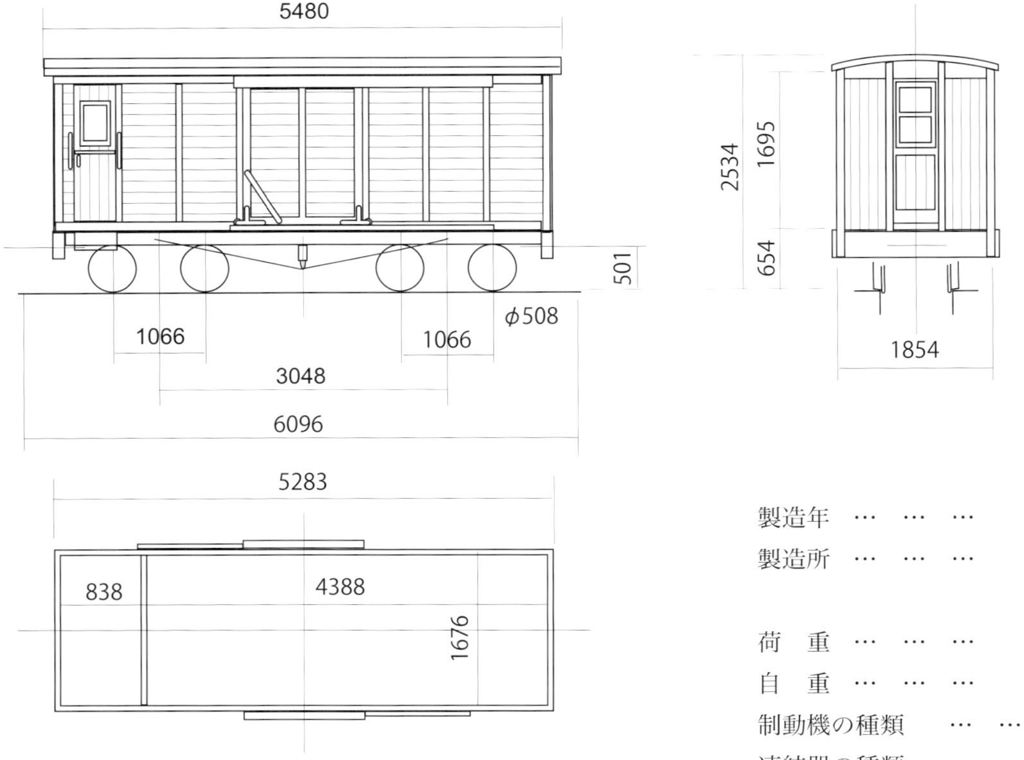

製造年　…　…　…	大正三年四月
製造所　…　…　…	日本車輌製造株式会社
荷　重　…　…　…	9.00　噸
自　重　…　…　…	3.25　噸
制動機の種類　…　…	手用制動機
連結器の種類　…　…	中央緩衝連結器

1

5 「くじ場車庫」は軽便の聖地

● くじ場車庫のこと

くじ場は鬮場と書く。籤と同じ意味だそうだが、くじ場という地名は強いインパクトだったことは確かだ。笠岡から乗り込んで最初に停まるのがくじ場駅だ。井原行列車で1.1km、5分ほどで到着。知っている人ならば列車が停まるより前から、駅左側に枝分かれしている車庫のようすが気になって仕方なかったはずだ。

「Yポイント」で上下線が分かれ、対向式のプラットフォームを持つくじ場駅。5線に分かれて、3棟の車庫に線路はつづいている。車庫のなか、庫外のヤード部分には廃車ながら保管されている蒸気機関車をはじめとして、いくつもの車輛が置かれているし、なかには軽修理のために手を掛けられている車輛もあったりする。ときには、マスキングして塗装が行なわれていたこともある。晩年は軽便好きが多く訪れる「聖地」でもあった。

くじ場のヌシのように働いておられたのが高橋三郎さん。われわれは「くじ場の機関区長」と親しくさせていただいていたが、井笠鉄道車輛課長補佐。1925年に尋常高等小学校を出てすぐに井笠鉄道に入社、6年ののちに機関士になって以来、しばらくは蒸気機関車の機関士、その後内燃同車の導入とともに整備担当となって、ずっとくじ場車庫に勤務してきた。佳き時代には、機関士担当助役、客車車担当助役、そして内燃動車担当助役と、3名の助役がくじ場車庫におられたという。

蒸気機関車も使われなくなり、晩年は高橋さんをはじめとするヴェテランのティームが車輛全部の面倒を一手に引き受けていたのだった。時間の空いたときに聞かせてくれるむかし話は、軽便好きにはひと言も聞き逃したくないほど貴重なものだった。まさしく佳き時代の軽便鉄道に、想像を膨らまさせてくれたものだ。

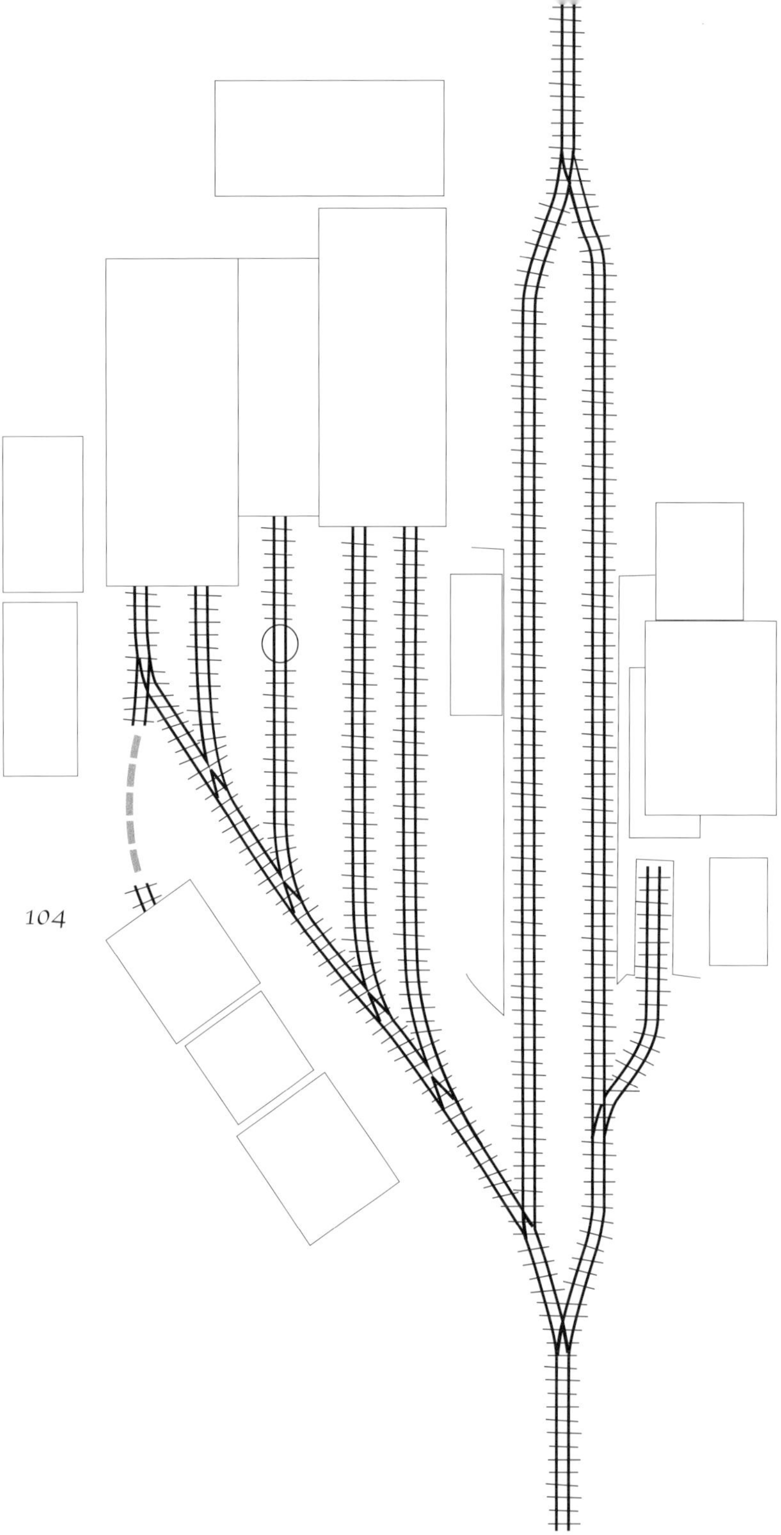

写真の左側、イラストの下側が笠岡。対向式プラットフォームと貨物駅の枝線を持つくじ場駅の西方にくじ場車庫が広がる。２棟の車庫の間にもう１棟が被さるように連なっている。その車庫のとなりに事務所が並ぶ。枝分かれ線に沿って斜めに建つのが倉庫群。その一番奥に廃車前の蒸気機関車４輌が詰まっていた。

DRINK
Coca-Cola
Drink
Fanta
駐車場
味よし
嘉美心
中華そば
ホルモン料理
味よし

ホハ11

くじ場車庫でのひとつひとつの情景が思い起こされる。暗く涼しい車庫のなかで１号蒸気機関車が保管されていた。ときにわれわれへのサーヴィスもあってか、ディーゼルカーで引き出してくれたりもしたのだが、庫のなかの機関車というのも悪いものではない。

学校帰りの小学生が機関車観察に寄り道することもあった。いまから50年前のこと、あの小学生もすっかりオトナを通り越す年齢になっている。彼の思い出のなかに井笠鉄道の蒸気機関車はまだ残っているのだろうか。

小さな、それこそ１号機関車のホイールベースがようやく載る、というような大きさのターンテーブルがあった。じっさいに使われているのを見たことはないのだが、回すための把手もなく、直接、上に載った機関車を押して転向させるのだ、という。

いつもは取り外して事務所の金庫に仕舞ってあるというコッペルのメーカースプレートを持ち出してきて、取付けてみせてくれたこともあった。そのあとは、高橋区長さん自ら掲げて記念写真を撮らせてくれたり、われわれにも持って写真撮っておくといい、と貸してくれたりした。

そうだ､蒸気機関車の項で写真を載せた「煙を吐く１号機」、あれはわれわれのいたずら、であった。発煙する蚊取り線香（「バルサン」= 燻煙殺虫剤というそうな）を焚かせてもらったことがある。いうまでもない、１号蒸気機関車の走る姿を夢想したくて、高橋さんにお願いしたのだ。なにをはじめるのか、不思議そうに眺めていた高橋さん。

「ははは、蚊がおらんようになってええわ」

笑いながら許してくださった。

いくつものことが思い起こされる。軽便鉄道のホンの最後の一瞬にしか立ち会えなかったわれわれだが、それだけに濃縮された軽便鉄道のシーンは、ひとつひとつが鮮明で永遠に褪せていない。まさしくエッセンスなのだ。

いつも井笠鉄道を訪問するときは、まずはくじ場の車庫に行って、様子を伺ってから、というのが「決まり」のようになっていった。

くじ場駅は県道34号線に面していた。薄暗い駅舎に入るや、もう気持ちは線路の向こう側のくじ場車庫の方に行ってしまっていて、駅舎内のことはまったく思い出せない。廃線になった後に訪問して、残っていた時刻表に気付いたりしたくらいだ。

安全第一

●「さよなら列車」のこと

それぞれの車輌に対する思い出話は各項で紹介した通りだが、ここではやはり廃線時の「さよなら運転」のことを書いておきたい。廃止が決まると、3ヶ月以上前から高橋さんは精力的に準備にかかっていた。「さよなら列車」の先頭に1号機関車を走らせる、ということで、稼働状態にするとともに、化粧直しがはじめられた。錆が落とされた1号機を前に、高橋さんは「緑色にしよう思うんじゃが、どうじゃろう？」と。うーん、どうでしょう、と唸っていると早速次のときには、サイドタンクとキャブ部分を美しいグリーンに塗られた1号機があった。

しかし、高橋さんは気に入ってなかったようで、「似合わんなあ」のひとこと、数日でグリーンは黒に塗り替えられていたのだった。もうボイラーがダメになっている1号機のために、後に連結したホワフ3から煙を送って、汽笛を鳴らし煙を吐かせるようにするのだ、という。その仕掛けも思案中であった。「ホジ7も走らすでえ」とその整備にも余念がない。

その日の朝早くから日章旗など最後の飾り付けを行なうとともに、編成が組まれていく。最後に1号機を連結、回送列車が仕立てられ、そのまま閉業式の行なわれる井原駅まで運転。沿線は、時ならぬ賑わいで、機関士姿の高橋さんも大童である。鉄道のひとはもちろん、沿線の誰もが井笠鉄道が消えていくことを惜しんでいる。

井原駅の閉業式。1号機のキャブで花束を受けた高橋さんの晴れ姿は、58年に及ぶ井笠鉄道の歴史の最後を否応なく告げるものであった。

さようなら

1971年3月31日…
井笠鉄道 最後の日

6 井笠鉄道の58年、94輌

井笠鉄道は山陽本線笠岡駅から分岐し、北方の井原を結ぶ19.4kmの「軽便鉄道」であった。しかし鉄道名からも解るように、起点は井原で、そもそもの鉄道敷設免許申請時の名称も「井原笠岡軽便鉄道」とされていた。60年近い歴史を残しつつも、1971年3月に廃線になってしまったのだが、のどかに走る軌間2フィート6インチの軽便鉄道は、多くの鉄道好きに大きなインパクトを残したものだ。

最後のころはその通り井原〜笠岡間の「本線」が残されているだけだったが、かつては支線もあって、数多くの車輌が存在した。その歴史は明治末期にまで遡る。1910（明治43）年4月21日に交付された「軽便鉄道法」、さらに翌年3月に追加された「軽便鉄道補助法」によって、全国に小私鉄の充実を促した。とくに「補助法」によって補助金が出るようになったことから、一気に全国に小私鉄が誕生した。

誤解してはいけないのだが、軽便鉄道は狭軌の鉄道を指すことばではなく、「軽便鉄道法」は軌間762mm（2フィート6インチ）以上と記されていることから、多くはより簡便な762mm軌間だったが、「国鉄ゲージ」である1067mm(3フィート6インチ)軌間、つまりは「国鉄ゲージ」の軽便鉄道も少なからず存在した。

さて、そうした鉄道敷設の機運はこの地方にも及び､後楽園〜西大寺間の西大寺鉄道（これは珍しい3フィート軌間だった)、福山〜鞆間の鞆鉄道、茶屋町〜下津井間の下津井軽便鉄道などが次々に開業、福山〜府中間の両備鉄道も計画が進められていた。そんななか繊維の町として繁栄していた井原も負けてはならじと名乗りをあげたのであった。

● 開通と線路延長

1910年12月に免許の認可を得、3年を掛けての工事の末1913（大正2）年11月17日、開業を迎える。この工事はブームのようになっていた鉄道敷設熱のあおりで資材費高騰などが影響して、期間が予定より大きく延びた末、といわれた。

開業時、蒸気機関車3輌、客車6輌（特等、並等合造車2輌､並等車4輌)､貨車12輌(有蓋車4輌､無蓋車8輌）という21輌の陣容。輌数も充分だったし、コッペル社製の蒸気機

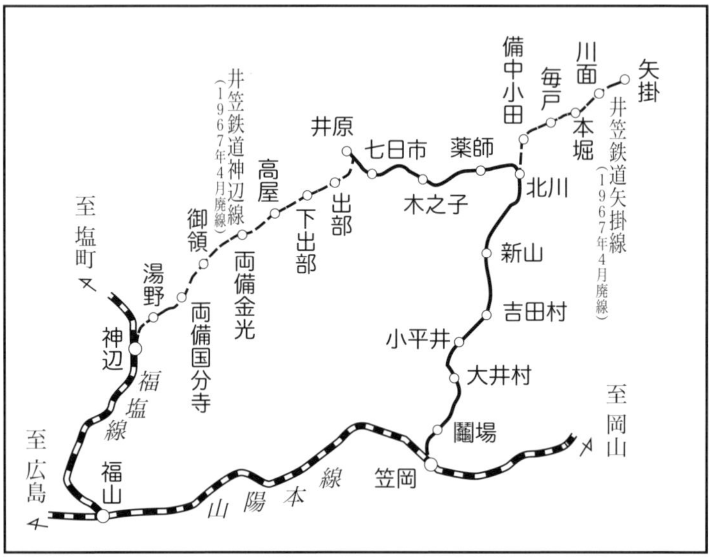

関車をはじめとして、これらの車輛はすべて新たに用意されたものであった。

井笠鉄道の出だしは好調であった。1915年11月には「軽便」をとって井笠鉄道と社名変更。蒸気機関車をはじめとして、客貨車も増備された。それとともに、次なる路線拡張が計画される。

途中駅の北川駅から分かれ、北側に延び、かつての山陽道の宿場町として栄えた矢掛に至る5.8kmの矢掛線と井原駅から西方に4.0km、高屋に至る高屋線である。高屋にはすでに両備鉄道の支線が延びており、そこで接続するようになっていた。

矢掛線は途中の小田川に掛かる橋りょうが難工事となったが、1921年10月に開通。この時点で、その開業後に着工した高屋線は1925年2月の営業開始であった。

さらに加えて、電化されていた両備鉄道の本線が1933年9月に国有化され、国鉄福塩線になる。2年後には、線路延長の上、福塩線は1067mm軌間に改軌された。

残った支線は神高鉄道として分離、営業するが、成績は芳しくなく、結局は施設や車輛のすべてをそのまま井笠鉄道が引継ぐことになった。井原からそのまま神辺まで直行する11.8kmの線路延長を持つ神辺線とした。1940年1月のことである。このときもと神高鉄道のガソリンカー3輛、客車2輛、貨車7輛が引継がれた。

これにより、井笠鉄道は三路線、営業キロ程は37.0kmに及び、全国でも有数の軽便鉄道になったのだった。

● ガソリンカーの導入

ところで車輛についても、いくつかのエポックメイキングな事項があげられる。昭和のはじめ、井笠鉄道には時代の先端をいく車輛、ガソリンカーが導入されていた。それは先述、神高鉄道よりも早く、1927（昭和2）年3月にジ1、ジ2の2輛を導入した。「井笠鉄道七十年史」のなかでこんな記述がある。＜大正15年、当時の全国に僅か九州の日生鉄道と水戸の鹿島鉄道がレールカーを運転して好結果を得ていると聞き及び、当時の社長と支配人が早速二箇所を実地調査…＞導入することを決定した、という。

この記述にはいくつかのオチがあって、日生鉄道とは日出生（ひじゅう）鉄道のことで、鹿島鉄道も正しくは鹿島軌道。それらは「丸山式」という丸山車輛で製造された単端式のガソリンカーであったが、井笠鉄道はそれまでの付合いがあったこともあって、日本車輛の名古屋工場に依頼。丸山式とは少し趣きの異なる日車製第一号ガソリンカーとして注目を集めた。＜かくして昭和2年3月25日、笠岡～井原間にレールカー2輛の運転をはじめたものが、全国私鉄第三番目の技術革新として注目を集め…＞とある。

井笠鉄道では、この後もジ3、ジ5、と増備していったほか、近在の鉄道にも波及し、両備鉄道がレ1～レ3として、また下津井鉄道もカハ1型として4輛を導入した。しかし、それらは最終的には井笠鉄道に集結することになる。つまり、両備鉄道のものは、そのまま神高鉄道に引継がれたことから、先述の神高鉄道からやってきたガソリンカー3輛に該当する。下津井鉄道のカハ2も1939年に井笠鉄道が譲受した。

こうしたガソリンカーを使ってフリークェントリイな旅客サーヴィスを行ない、一方通勤通学時や貨物輸送には蒸気機関車が活躍する、という運転形態が昭和の初期から確立されていた。蒸気機関車も、いくつかの模索ののち、ひと回り大型のコッペル社製Cタンク機6、7号機が導入されていた。

ガソリンカーはひと回り大型の大阪梅鉢鉄工所製のボギイのホジ6～ホジ8を1931、32年に導入する。

大型の車輌の導入によって、初期の小型単端式ガソリンカーはエンジンをおろして客車化されたりした。

● 戦後の井笠鉄道と廃線後

戦後間もない時期、混乱のなかでガソリンカーのディーゼル化、ほとんど予備機待遇であったが蒸気機関車の増備などが行なわれた。しかし、世の中が落ち着いてくると、自動車の普及が進み鉄道の斜陽化がはじまる。井笠鉄道は大正年間からバス事業も、いち早く行なっていたが、次第に鉄道事業と業績が入れ替わってくる。

晩年の井笠鉄道で主役としてお馴染みだったホジ1～3は、1955年に増備されたものだ。近代的なスタイリングを持ち、エンジンも日野DS22型120PSを搭載したディーゼルカーで、客貨車の牽引もできることから、蒸気機関車の廃止に一役買うことになる。1961年にホジ101、102として、さらに2輌を増備することにより、残されていた8輌の蒸気機関車に廃車宣告が出された。開業時からの1～3号機、保存予定の9号機を残して売却、のちに発見される7号機を除いてすべて鉄くずと化してしまった。

合理化はしていくものの、時代の流れには勝てず、1967年4月には支線筋の矢掛線、神辺線が廃止される。じつは、この支線を含め全線について、1960年代早々には廃止申請を提出していた、という。しかし、地方の交通機関を残したい国の意向もあって、なかなか認可がおりず、まずは支線の廃止が実行されたのであった。

それでも、クルマの浸透は停まることなく、軽便鉄道の生きる途は見出せないまま、結局は1971年3月を以って鉄道線は全線廃止、鉄道事業から撤退ということになる。

その後の動きをざっと記しておくと、廃線後早速に線路撤去。ホト1、2が平台車に改造され、外された線路はくじ場車庫などに集められた。車輌も保存等で移動されたもの以外はくじ場に集結していた。

1972年には西武山口線での蒸気機関車復活運転のために、1号機関車と客車8輌が移動する。1号機関車は貸し出し、客車は譲渡という形であった。客車はホハ2→西武山口線31、ホハ5→西武山口線32、ホハ6→西武山口線33、ホハ10→西武山口線34、ホハ18→西武山口線35、ホハ19→西武山口線36、ホハ13→西武山口線37、ホハ14→西武山口線38となり、デッキ部分に柵状のドアが付けられ、赤系の車体に白帯という出立ちとなった。

1号機関車は動態に復元され活躍ののち、1977年に運転終了後戻され、「井笠鉄道記念館」に収まった。

この「井笠鉄道記念館」は1981年、井笠鉄道70周年を期して、もと新山駅の駅舎を利用してつくられたもので、1号機関車、ホハ1、ホワフ1をはじめ、資料が多数保存展示。現在は笠岡市が引継いでいる。

また線路あとのうち、神辺～井原～矢掛間は第三セクター井原鉄道として利用されることとなって、道床が提供された。

記念館開設と前後して、1980年2月21日にくじ場車庫が放火により全焼するという事件もあった。保管されていた10輌の車輌のうち、ホジ1、2、ホジ8、ホワフ2が焼失、ホハ1が一部損傷した。

またくじ場では車庫あとに喫茶「コッペル」もつくられた。これはしばらくの閉店期間を経て1997年に解体、跡には老人健康施設がつくられている。

長く建設が進められていた井原鉄道は1999年1月、神辺～清音間で開通。廃線後はバス営業などを行なっていた井笠鉄道だったが、2012年には会社自体が消滅してしまうのだった。

● 蒸気機関車

型式	番号	製造年	メーカー	入線	廃車	
機関車第1号	1～3	1913	コッペル	1913年10月	1961年10月	保存
機関車第2号	4*	1918	大日本軌道	1935年2月	1935年2月	売却
機関車第3号	5	1920	ポーター	1921年10月	1936年9月	売却
機関車第4号	6	1922	コッペル	1923年1月	1961年10月	解体
機関車第5号	7	1923	コッペル	1925年5月	1961年10月	売却
機関車第7号	8	1922	日本車輛	1948年4月	1961年10月	解体
機関車B15号	9	1910	コッケリル	1947年9月	1961年10月	保存
丁J10号	10	1947	立山重工業	1922年12月	1961年10月	解体

4号機：1927年8に改番、1935年、佐世保鉄道に売却。8号機：もと大隅鉄道4→国鉄ケ280

● 客車

型式	番号	製造年	メーカー	入線	廃車	
客車第1号	ホロハ1、2	1913	日本車輛	1913年11月	1971年3月	保存、売却
客車第2号	ホハ3～6	1913	日本車輛	1913年11月	1971年3月	売却
客車第3号	ホハ7～9	1914	日本車輛	1914年3月	1967年3月	保存
客車第4号	ホロハ10	1921	内田鉄工所	1921年10月	1971年3月	解体
客車第5号	ホハ11、12	1922	日本車輛	1922年8月	1971年3月	売却
客車第6号	ホハ13、14	1925	日本車輛	1925年5月	1971年3月	売却
客車第7号	ジ1、2	1927	日本車輛	1927年3月	1967年3月	解体
客車第8号	ジ3、5、10*	1927	日本車輛	1927年9月	1967年3月	解体
客車第9号	ジ6、11*	1929	日本車輛	1929年	1967年3月	解体
客車第10号	ホジ7	1931	梅鉢鉄工所	1931年6月	1971年3月	売却
客車第11号	ホジ8、9	1932	梅鉢鉄工所	1932年4月	1971年3月	保存、売却
客車第12号	ホジ12	1936	日本車輛	1936年8月	1967年3月	解体
客車第13号	ハ17	1939改造			1965年	解体
客車第14号	ジ13	1928	日本車輛	1939年	1965年	解体
客車第15号	ジ14、15	1931	日本車輛	1940年1月	1967年3月	解体
客車第16号	ジ16	1931	日本車輛	1940年1月	1967年3月	解体
客車第17号	ホハ17、18	1925	日本車輛	1940年1月	1971年3月	売却
ホジ1	ホジ1～3	1955	日本車輛	1955年10月	1971年3月	焼失、売却
ホジ100	ホジ101、102	1961	日本車輛	1961年4月	1971年3月	保存、売却

ホロハ1、2、10：1924年ホハ1、2、10。　ホハ8：廃車後保管。　ジ1、2：1931年ハ15、16。　ハ16：1965年廃車。　ジ10、11：1933年12月、三幡鉄道より譲受。　ホジ7～9：1944年～49年は客車化ハ20～22。　ハ17：1939年ジ3を客車化。　ジ13：下津井鉄道より譲受、1953年ハ18。　ジ14～16、ホハ18、19：神高鉄道より引継ぎ。ホジ3：下津井電鉄に売却。

●貨　車

型　式	番　号	製造年	メーカー	入　線	廃　車	
貨車第１号	ホト１～８	1913	日本車輌	1913年11月	1971年３月	売却、解体
貨車第２号	ホ ワ 1、2、4、8	1913	日本車輌	1913年11月	1971年３月	売却、解体
貨車第３号	ホワフ１、２	1914	日本車輌	1914年４月	1971年３月	保存、解体
貨車第４号	ホワ５、６	1914	日本車輌	1914年３月	1964年	売却
貨車第５号	ホト９～12	1914	日本車輌	1914年３月	1955年	解体
貨車第６号	ホワフ３	1913	日本車輌	1913年11月	1971年３月	解体
貨車第７号	ホト13～18	1916	内田鉄工所	1917年５月	1955年	解体
貨車第８号	ホト20	1921	内田鉄工所	1921年10月	1955年	解体
貨車第９号	ホワフ４	1921	日本車輌	1921年10月	1971年３月	解体
貨車第10号	ホト21、22	1922	日本車輌	1922年５月	1955年	解体
貨車第11号	ホチ１、２	1922	内田鉄工所	1922年	1964年	売却
貨車第12号	ホワフ５	1924	日本車輌	1923年５月	1971年３月	解体
貨車第13号	ホテト23～26	1925	日本車輌	1925年１月	1955年	解体
貨車第14号	ホテト27、28	1929	日本車輌	1933年	1955年	解体
貨車第15号	ホト29、30	1920	楠木製作所	1940年１月	1955年	解体
貨車第15号	ホト31～33	1920	日本車輌	1940年１月	1955年	解体
貨車第16号	ホワフ６、７	1914	日本車輌	1940年１月	1964年	解体

ホト３～８、ホワ８：1965年廃車。　ホテト27、28：三幡鉄道より譲受。ホト29～33、ホワフ６、７：神高鉄道から譲受。

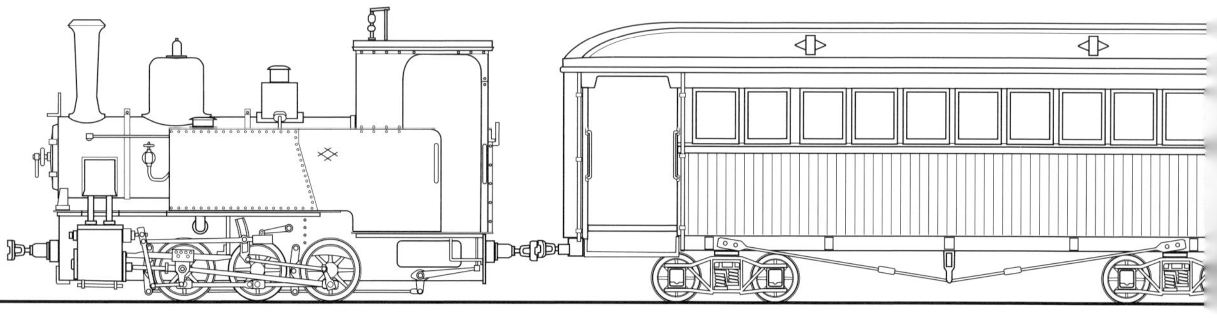

1

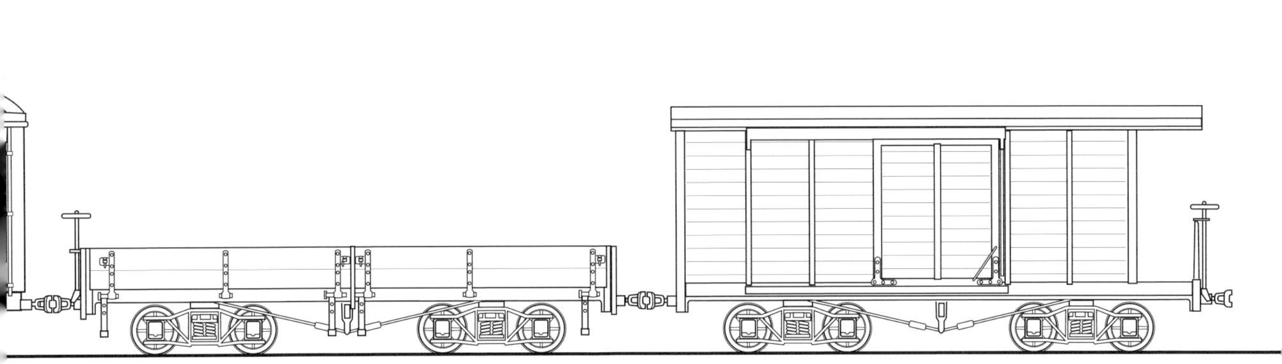

特別寄稿

村多先輩の「井笠鉄道1959年」

「もう少し早く生まれていたらなあ…」

あの時代にもっといいカメラを持っていたら、もっと潤沢にフィルムが使えていたら、それになにより機動力のあるクルマなぞ持っていたら、などという、ないものねだりの繰りごとのなかでももっとも大きくて、絶望的な願いが「もう少し早く…」であろう。

残念ながらその時代にいなかったがために、ひとりの先輩と巡り会う幸運に出遇えることもある。その先輩は、イノウエの見たかったいくつもの車輌写真を持っておられる。

ぜひともお借りできないものか？ 失礼をも顧みずお願いをした結果が以下のページである。

その先輩こと、村多 正さんは、御歳 81 歳のヴェテラン鉄道好き。ひと回り早く生まれて、高校時代の 1950 年代に鉄道写真をはじめ、大学時代には鉄道研究会仲間と鉄道写真を撮り歩いた。軽便鉄道に目を向け、井笠鉄道をはじめとして羨ましい写真をお持ちだ。

「いやあ、私は自分の親父を羨ましく思いますよ。九州の久留米にいて、それこそ筑後軌道の石油発動機関車が市内を走っていた話など聞かせてもらいましたもの」

そうはいっても、見せていただいた写真は垂涎もの、であった。カメラは兄上からの借り物というミノルタ・セミ P。当時の鮮やかな情景が活写されている。

井笠鉄道の初期のガソリンカーのいくつかは、その後エンジンをおろして可愛いに軸客車になったりした。1913 年、日本車輌でつくられた最初のジ 1 、ジ 2 はハ 15、ハ 16 となって 1960 年代まで生き残っていた。定員わずか 20 名の二軸車である。

同様にジ 3 はハ 17 になった。1927 年生でひと回り大きくなったボディは、下半が絞られ、独特のスタイリングの持ち主だった。荷台付の時代、取り外した時代などあったが、最後までガソリンカーの面影を強く残していた。これらは、紙一重で見ることができなかった、それだけにちょっと悔しさがこみ上げてきたりするのだった。

上は北川駅のジ 14 の牽く矢掛行列車。ハ 16 も北川駅にいた。

ハ
16

平友分店
ホト
29

ハ
15

もっとも見たかった車輛、それはジ6であった。模型好きでもあるイノウエは、実見を果たせなかった夢の車輛は、模型で制作するという手段に及ぶ。ジ6は真鍮板からスクラッチでつくったくらいだから、その意欲は買っていただけよう。

村多先輩の写真とともに、矢掛駅のイラストは、実に模型好きには大変興味深いものであった。特にプラットフォームに食込んでいるターンテーブルは、ぜひ、模型の軽便鉄道にも採り入れてきたくさせるものだ。

上の写真、矢掛駅の奥にあるのはジ11で、もと三蟠鉄道2だったもので、ジ6と同型。フロントのラジエータ・グリルと塗り分けが異なるなど、細かい差異が見られる。ともに1929年、日本車輛製である。

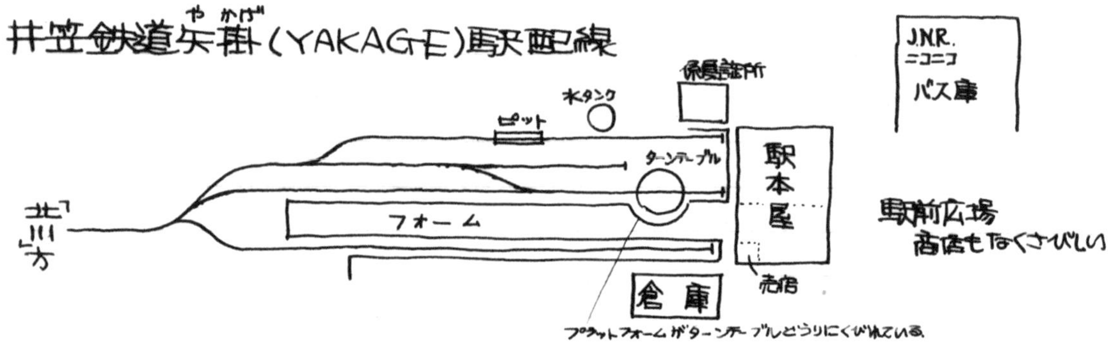

ジ
6

ジ
6

村多先輩の目の付けどころは実に素晴らしい。われわれと同じ指向の持ち主でいらっしゃることが、写真やイラストから伝わってくる。

上は北川駅て出発待ちの矢掛線の列車。二軸ディーゼルカーのジ 14 ＋ホハ 12 という編成。腕木式信号機が、まるで車止めの位置にある。ここにもプラットフォームをえぐるターンテーブルがあった由。

左は笠岡駅の一シーン。行き止まりになったフォームに客車が留置され、その手前には手押し車がいくつも置かれていた、という。このプラットフォームは国鉄と兼用のものであった。

その向かいのフォームは貨物用。国鉄貨車からの荷物積替えが行なわれているところだ。国鉄貨物線は井笠鉄道の本線を平面クロスして、この貨物フォームに入ってくるようになっており、これまた模型の軽便鉄道を再現するには、ぜひ採入れてみたくさせる。

井原駅における神辺線のジ 15、発車前のシーン。井笠鉄道のふたつの支線のうち、神辺線はかつては別の鉄道、両備鉄道の支線と井笠鉄道の支線が途中の高屋駅で接続していた。

その後、両備鉄道の本線は電化し、さらに国鉄に買収されてしまう。残された支線は一時別鉄道として独立するが結局は立ちいかず井笠鉄道に吸収されて、井原～神辺間を井笠鉄道が運行するようになる。

ジ 15 も、かつての両備鉄道のガソリンカーで井笠鉄道移籍後、ディーゼル化されたものだった。右中はホテト、下はは神辺駅で国鉄福塩線となったもと両備鉄道本線と接続する。できるだけ多くを訪ねようと村多先輩は、神辺経由で井笠訪問を終えたのだった。

井笠鉄道…あとがき

われわれの「感動」の最上級は、その車輛の模型をつくること、であった。もともと写真を撮りはじめたのも、いつか模型につくりたい、そのためには参考になる写真を… ということがきっかけのひとつだった。

そのうちに鉄道時代の持つ迫力だったり、地元に密着した情景だったりに興味がいくようになって、それこそ全国に写真を撮り歩くようになったのだ。ちょうど若かりし頃が鉄道の変革期と重なったことから、いつも時間と追いかけっこしていたような記憶がある。

つまり国鉄本線からは大型の蒸気機関車がなくなり、地方のローカル線、そして軽便鉄道も次々に姿を消していった。それをなんとか記録に残しておきたい。一所懸命走り回るのだが、時間は待ってはくれない。いつもそんな無常を思い知る、別離の場面にばかり遭遇していたような気がする。

井笠鉄道なぞ、まさしく最後の日を見送った。ちょっとだけ自慢したいのは、最後の日の数日前、東京からクルマを飛ばして井笠の地に辿り着き、最後の日の情景をひとりで追い掛けて構成できるだけの素材を集めてきたことだ。

のちのち、本づくりを仕事にするベースになっているかもしれない、といまになって思ったりする。ロケハンを行ない、いろいろな角度でのカットを用意し、それこそ起承転結までを考えて走り回った。

だが、廃線という事実はあまりにも大きな衝撃であった。廃線後の車輛回送や線路撤去（なんと早速数日ののちには線路撤去がはじまっていた）を見ることができずに、「さようなら列車」を見送ったその足で、帰京してしまったのだった。思い返してみれば、廃線に立ち会ったのはそのときが最初であった。

帰京してからもしばらくは呆然とした日がつづいた。廃線後半年して、やっとくじ場を訪ね、線路のなくなった付近を散策した。高橋三郎さんからは「形見分け」のようにいくつかの井笠鉄道の「遺品」を頂戴したりした。

そして、廃線から半世紀近くたったいま、当時の「忘れられない情景」をまとめた本書を上梓しようとしている。そうだ、模型棚のなかには、つくった井笠車輛の模型がある。その一部を紹介して結びとしたい。

2019 年初秋　　著者しるす

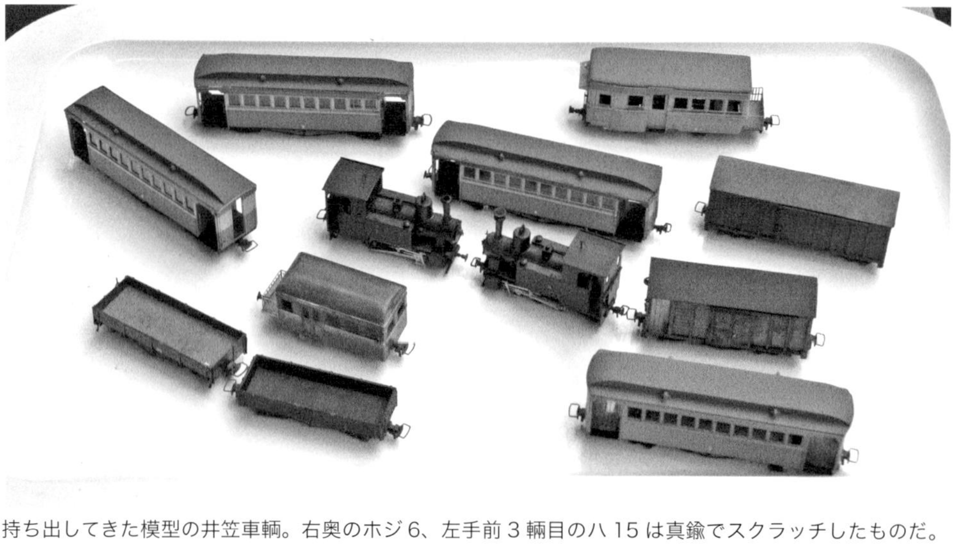

持ち出してきた模型の井笠車輛。右奥のホジ 6、左手前 3 輛目のハ 15 は真鍮でスクラッチしたものだ。

著者プロフィール
いのうえ・こーいち (Koichi-INOUYE)
岡山県生まれ、東京育ち。幼少の頃よりのりものに大きな興味を持ち、鉄道は趣味として楽しみつつ、クルマ雑誌、書籍の制作を中心に執筆活動、撮影活動をつづける。近年は鉄道関係の著作も多く、月刊「鉄道模型趣味」誌ほかに連載中。主な著作に「図説蒸気機関車全史」(JTB パブリッシング)、「図説電気機関車全史」(メディアパル)、「名車を生む力」(二玄社)、「ぼくの好きな時代、ぼくの好きなクルマたち」「C 62／団塊の蒸気機関車」(エイ出版)「フェラーリ、macchina della quadro」(ソニー・マガジンズ) など多数。また、週刊「C62 をつくる」「D51 をつくる」(デアゴスティーニ) の制作、「世界の名車」、「ハーレーダビッドソン完全大図鑑」(講談社) の翻訳も手がける。季刊「自動車趣味人」主宰。
日本写真家協会会員 (JPS)。
連絡先：mail@tt-9.com

いのうえ・こーいち　著作制作図書

- 『世界の狭軌鉄道』いまも見られる蒸気機関車　全 6 巻　2018 〜 2019 年　メディアパル
  1、ダージリン：インドの「世界遺産」の鉄道、いまも蒸気機関車の走る鉄道として有名。
  2、ウェールズ：もと南アフリカのガーラットが走る魅力の鉄道。フェスティニオク鉄道も収録。
  3、パフィング・ビリイ：オーストラリアの人気鉄道。アメリカン・スタイルのタンク機が活躍。
  4、成田と丸瀬布：いまも残る保存鉄道をはじめ日本の軽便鉄道、蒸気機関車の終焉の記録。
  5、モーリイ鉄道：現存するドイツ 11 の蒸機鉄道をくまなく紹介。600mm のコッペルが素敵。
  6、ロムニイ、ハイス＆ダイムチャーチ鉄道：英国を走る人気の 381mm 軌間の蒸機鉄道。
- 『C62 2 final』 C62 2 の細部写真を中心に、その晩年の姿を追う。　2018 年　メディアパル
- 『D51 Mikado』 C62 2 の続編で D51200 のディテールと保存機など。2019 年　メディアパル
- 『図説電気機関車全史』 200 点超のイラストで綴る国鉄電気機関車のすべて。2017 年　メディアパル
- 『小田急線』 1960 年代の小田急電車の憶え書きを懐かしい写真と。2019 年アルファベータブックス
- 『英国車リヴュウ』 ミニ、ロータス、MG など英国車の魅力満載。2018 年「いのうえ事務所」取扱い

「井笠鉄道」 忘れられない情景、忘れたくない情景

発行日　2019 年 10 月 14 日
初版第 1 刷発行

著者兼発行人　いのうえ・こーいち
発行所　株式会社こー企画／いのうえ事務所
〒158-0098　東京都世田谷区上用賀 3-18-16
PHONE 03-3420-0513
FAX　03-3420-0667

発売所　株式会社メディアパル
〒162-8710　東京都新宿区東五軒町 6-24
PHONE 03-5261-1171
FAX　03-3235-4645

印刷 製本　上越印刷工業株式会社

ISBN 978-4-8021-3164-3 C0065
2019 Printed in Japan